潮尚 CHEERS

与最聪明的人共同进化

HERE COMES EVERYBODY

U0222051

歴史を進めた
植物の姿

［日］河野智谦 著

张颖奇 译

苔藓、郁金香与面包

台海出版社

测一测

植物如何推动人类文明的进程?

- 如果把地球存在的 46 亿年看做 1 年,以下说法正确的是:(单选题)

    A.3 月 1 日,能够进行光合作用的植物出现

    B.6 月 1 日,最早登陆的植物出现

    C.12 月 27 日,人类和植物同时出现,共同进化

    D.12 月 31 日的最后一分钟,人类开始栽培植物

- 人类在何时开始有目的地使用柳树叶缓解疼痛和炎症?(单选题)

    A. 苏美尔文明时期

    B. 巴比伦 – 亚述文明时期

    C. 中世纪文明时期

    D. 工业文明时期

- 1840 年前后,英国为了满足对(   )的爆发性需求陷入了贸易赤字,并最终开始向中国出口鸦片。(单选题)

    A. 兰花

    B. 蔷薇

    C. 郁金香

    D. 茶

扫描左侧二维码查看本书更多测试题

由植物开启时光之旅

　　人类历史并不是由人类自己单独创造的。在一些重大的历史事件中，植物同样发挥了重要的作用。你可能不会立即接受这个观点，但如果你循序渐进地读完书中的故事，或许你就可以领会到，是植物与人类一起创造了人类历史。植物作为经过了 10 亿年的漫长演化的多细胞生物，不仅掌握了光合作用的本领，还在与人类接触的过程中发生了急剧的变化。或许，正如书中提到的研究者所说："植物一直等待着人类出现，等待着人类耕作土地，然后把自己融入人类的生活。"也就是说，人类与植物之间存在着一种特殊的"契约"，在此基础上建立了共同进化关系。人类从现在开始选择什么道路，取决于我们如何理解过去一万年间与植物的关系。我期望能与你们分享书中的新想法。希望这本书能激发出更多的智慧去解决人类面临的各种迫切问题。那么，现在就让我们与植物一起开启"时间之旅"吧。

目录

第1章

植物等待人类的
10亿年

（人类诞生之前）

在植物的历史长河中，我们人类是一种很新的生物。我们在本章中将沿着地球的历史俯瞰植物在与人类相遇之前的漫长岁月。植物经年累月的演化，仿佛就是为了与人类相遇而做的精心准备。

地球日历的 11 月 20 日，植物开始登上陆地
地球日历的 12 月 30 日，人类还没有出现

为了更好地理解植物如何改变人类的生活，以及人类如何改变植物的分布、形态和性质，本书特意将植物与人类之间发生的故事放到了地球历史的时间尺度中进行全方位的审视。

人类历史的时间跨度一般仅限于过去几千年，但是生物的历史却要久远得多。为了更加直观地认识人类与植物出现时间的差异，我们可以把地球从诞生到现在 46 亿年的岁月长河比作"地球日历"中的一年。如果假定地球于 1 月 1 日凌晨 0 点 0 分诞生，那么拥有细胞的生命则出现在 2 月中旬，而能够进行光合作用的植物，即产氧生物出现在 5 月末。有细胞核的生物大致是在暑期开始时出现的。在地球日历的夏天，所有的生物仍然都是单细胞生物。在能感受到秋意的 10 月中旬，多细胞生物首次出现。直到这个时候，所有生物依旧生活在海洋中。

现在让我们以日记形式来追随植物发展的脚步。11 月 18 日，寒武纪生命大爆发，动物发生了更替和急剧的形态变化。11 月 20 日，藻类演化，并为登上陆地做好了准备。11 月 24 日，最早登陆的植物出现了。12 月 7 日，分化出了裸子植物和被子植物。12 月 16 日，最早的花出现在三叠纪。12 月 21 日，"似花非花的花"在睡莲上绽放的时候，各种各样的草也长出来了。12 月 26 日，由于陨石撞击，大多数植物灭绝了，幸存下来的植物经过多次基因组倍增，很多新物种又出现了。接着在一年即将结束的 12 月 31 日 16 点 38 分，禾本科植物出现了，它们是最晚出现的草的同类。至此，与现在非常相近的陆生植物生物群系形成了。

在这之后，地球上的植物开始加速变化，这就是后文所介绍的人类对植物的驯化。从人类开始栽培植物到现在，大约一万年间所发生的各种事情，在地球日历的时间尺度下，大致相当于一年的最后一天的最后一分钟。换句话说，地球历史中的 364 天 23 小时 59 分钟都是人类与植物相遇之前的准备时间。

1 陆生植物生物群系。

第1章
人类诞生之前

第2章
农业文明之前

第3章
农耕文明时期

第4章
大航海时代之前

第5章
大航海时代与工业革命时期

第6章
工业革命之后

结语
植物与人类的未来

泥盆纪—石炭纪

苔藓和蕨类：仍生活在当今森林的早期植物

从海洋登陆的"先遣部队"是苔藓植物

在海洋里进行光合作用的藻类演化出苔藓植物，于地球日历的 11 月 29 日—12 月 3 日登上陆地，这相当于地质年代表中的泥盆纪（4.192 亿～ 3.589 亿年前）。藻类在海洋中进行光合作用提高了大气中的氧气浓度，促进了臭氧层的形成，因此最终它们成功登上了紫外线减弱的陆地。

在如今的大陆格局形成之前，苔藓植物就已经在陆地上扩散，所以它们在各大陆的分布没有太大差别。苔藓植物拥有可以进行光合作用的绿色组织（相当于叶片）以及可以固着在基岩等固体表面的构造（相当于根），但是没有明显的根、茎、叶的区分，也没有维管束。虽说已经适应了陆地，但是它们并不具备可以抵御干旱的构造。因为在进行有性繁殖的时候，配子要在水中游动并设法接近交配对象，所以它们要生长在水源附近。

2 苔藓植物是不具有维管束的陆地植物的总称，包括藓类、苔类和角苔类等。

长成参天大树的蕨类形成森林

最早的陆地植物苔藓还没有茎和叶的区分，也没有维管束，而稍晚出现的蕨类植物已经存在明确的根、茎、叶的区分。虽然蕨类植物的茎中有发达的维管束构造，但在繁殖上还是与苔藓植物一样，要孢子在水中游动才能实现。一般认为，蕨类植物是在地球日历的 12 月 3 日至 12 月 8 日才出现的，相当于地质年代中的石炭纪（3.589 亿～ 2.989 亿年前）。蕨类植物在气候温暖的石炭纪长成了大型的植物体（巨树）并覆盖地表，与苔藓植物一起形成了类似于森林的生态环境。在几千万年里，它们积极地进行光合作用，吸收并固定了大气中的二氧化碳，不断积累形成了由它们的遗骸构成的地层。这些遗骸在地下经过高温高压条件下的压缩，变成了容易燃烧的化石燃料。工业革命时期的人类，又将这些埋藏在地下的碳源再次以二氧化碳的形式释放到大气中。

3 石炭纪巨树群落是由鳞木和封印木形成的繁茂森林。

4　在蕨类植物无法扎根的基岩表面，覆盖有绿色的苔藓植物。

第1章　人类诞生之前

第3章　农耕文明时期

第4章　大航海时代之前

第5章　大航海时代与工业革命时期

第6章　工业革命之后

结语　植物与人类的未来

二叠纪

裸子植物：随风繁衍形成的针叶林

长寿的植物群落——针叶树的登场

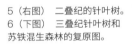

5（右图）　二叠纪的针叶树。
6（下图）　三叠纪针叶树和苏铁混生森林的复原图。

　　长寿且可以长成高大树木的针叶树，是在地球日历的 12 月 8 日—12 月 11 日登场的，相当于地质年代表中的二叠纪（2.989 亿～ 2.519 亿年前）。为了向陆地深处进军，针叶树演化出了耐干旱的针状树叶，也不再依赖水繁衍，而是可以借助风把花粉远播四方。雌花发生了变异，在鳞片相互重叠成球状的球果（松塔结构）中形成种子。在美国亚利桑那州发现有很多三叠纪南洋杉的大型化石（硅化木）。现在地球上也有大型且长寿的南洋杉现生种类存在。美国加利福尼亚州的现生种类巨杉（*Sequoiadendron giganteum*）是地球上最大的生物，最大个体的树龄在 2 300 ～ 2 700 年。目前已知有推测树龄在 4 000 ～ 5 000 年的柏木属植物和狐尾松，以及仅地下的根就有 9 000 年树龄的欧洲云杉等。

PAYSAGE DE L'ÉPOQUE TRIASIQUE (PÉRIODE CONCHYLIENNE)

（三叠纪—侏罗纪）

苏铁和银杏：保存着远古记忆的活化石

外观与棕榈相似又完全不同的物种

　　裸子植物苏铁出现在地球日历的12月11日—12月15日，相当于地质年代表中的三叠纪（2.519亿～2.013亿年前）。苏铁与稍早出现的针叶树一起形成森林，并覆盖着当时的陆地。苏铁从外观上会被误认为是棕榈植物，但苏铁其实属于裸子植物门苏铁目，与属于被子植物门单子叶植物纲的棕榈类，在门的层级上分类就大相径庭，绝对算不上是近亲。苏铁在繁殖时会生成精子，根部像豆科植物一样也会形成根瘤。这些根瘤可以让蓝细菌在其中与之共生并起到固氮的作用，因此苏铁在贫瘠的土地中也可以生长。苏铁的同类大部分已经灭绝，所以现存的种类有时被称为活化石。

7（右图）　三叠纪时期的苏铁。
8（下图）　苏铁亲近种的种子。

Fig. 265. — Cycadées de la période triasique

Fig. 266 — Fruits de cycadées, pétrifiés

从恐龙时代以来就没发生变化的植物

　　达尔文将银杏评价为活化石。实际上，我们现在所看到的银杏，在恐龙生存的侏罗纪（2.013亿～1.45亿年前）时期繁盛一时，是当时裸子植物门银杏纲所属的植物中唯一的现生种，生命力极其顽强。有的银杏植株甚至在广岛原子弹爆炸所产生的冲击波和放射性中幸存了下来。银杏虽然是种子植物，但与苏铁一样，在繁殖时也会生成精子。生物学家卡尔·林奈（Carl Linnaeus）参考了当时在日本出岛的博物学家恩格尔贝特·肯普弗（Engelbert Kaempfer）的报告，根据日语银杏的发音，以*Ginkgo*为属名对银杏进行了记述。

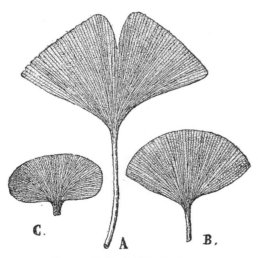

Fig. 47. — Feuilles de Salisburiées diverses.

A. *Ginkgo biloba*, Kaempf. — B. *Ginkgo (Salisburia) antartica*, Sap. — C. *Ginkgo (Salisburia) martensis*, B. R.

9　银杏现生种（A）和灭绝种（B和C）化石的素描。

（一第三纪）

森林、草原和荒原：静待人类出现的生物群系

森林的形成

地球日历的 12 月 26 日是地质年代表中的白垩纪（1.35 亿年前）初期，被子植物终于迎来了全盛时期。这些可以开花的被子植物为了吸引昆虫和鸟，演化出了很多种类。到了地球日历的 12 月 29 日（约 2 300 万年前），陆地上组成森林、草原和荒原的植被基本形成，逐渐为人类提供食物以及生活场所。

多样性的生物宝库热带雨林，是以生物和自然景观多样性为特征的热带森林植被，在全年高温和充沛降雨量的条件下形成的。通过与人类发生交集，最初的栽培植物产生，并成为孕育"根栽农耕文化"的原始温床。

温暖富饶的照叶林是构成温带地区森林生物群系的植被类型，在农业开始之前补给着人类的生活。照叶林是孕育原产于热带却适应了温带地区的栽培植物组合的"照叶林农耕文化"的原始温床。

Fig. 46. — Abatage d'un Sequoia géant.

11 19 世纪法布尔的著作中绘制的采伐巨杉的插画。针叶林给生活在亚寒带地区的人类提供了食物、燃料、木材以及其他多种物资。

10 绘制于 19 世纪的欧洲第三纪景观复原图。

由茂密的参天大树形成的针叶林

针叶林指的是构成亚寒带森林生物群系的植被类型，不仅寿命长，而且可以长成参天大树，在争夺日照的竞争中具有得天独厚的优势地位。

热带稀树草原生物群系分布于温暖但降雨量不多的地区，不能形成森林，只能形成草原。该植被类型产生了包括禾本科在内的许多草本植物，是孕育以栽培夏季五大作物和杂粮为特征的"热带稀树草原农耕文化"的原始温床。

古代近东文明周边的干燥大地是构成草原生物群系、土地低温干燥的植被类型，也是孕育培育出大麦、小麦等许多冬季作物的"地中海农耕文化"的原始温床。

永久冻土地带是指荒地生物群系中以代表寒冷冻土地带的苔藓和地衣类为主体的植被类型。那里全年大部分时间都在冰点以下，生存在这里的植物耐低温环境，能在短暂的夏天高效进行光合作用。在荒地中，没有植物生长的干燥地区就是沙漠。

第 1 章 人类诞生之前

第 3 章 农耕文明时期

第 4 章 大航海时代之前

第 5 章 大航海时代与工业革命时期

第 6 章 工业革命之后

结语 植物与人类的未来

很久以前，巴黎和伦敦曾经都是丛林

根据地质学研究，巴黎、伦敦等地虽然如今是欧洲人口密集区，
但在遥远的过去都是热带雨林。

不用说大家都知道，巴黎是法国最大的都市，与伦敦一样，是欧洲重要的政治、经济和文化等中心。据了解，西岱岛虽然只是塞纳河的一个河心岛，但自古以来就是水运要道。作为塞纳河的渡口，西岱岛在公元前3世纪前后就开始形成村落。铁器时代的凯尔特人的分支巴黎希人就在这里建立了村落。巴黎这一名称就来自巴黎希人。现在巴黎市中心人来人往，热闹非凡。很难想象这里的地下还保存着凯尔特时代的人类在四周都是水和沼泽的河心岛上营生的痕迹。

白垩纪时期的巴黎还是热带海洋

巴黎市的徽章上所刻的拉丁文标语的意思是"任凭波涛汹涌也不会沉没"。但出乎意料的是，在温度比现在高的白垩纪时期（约1亿年前），巴黎还在海平面之下，是一片热带的浅海。当时富含钙质的浮游植物（球石藻）大量繁殖，在基岩上形成了很厚的白垩纪石灰岩层。也就是说，巴黎盆地是由藻类形成的岩石构成的。实际上，无论是在巴黎、法国布列塔尼半岛，还是在多佛尔海峡对面的伦敦，地表的土壤都少得可怜，地下都是很厚的白垩纪石灰岩地层。因此，把这一区域说成是由藻类的光合

作用形成的一个大岩块也无可厚非。

琥珀中蕴藏的丛林痕迹

一说到热带植被，大家脑海中立刻就会浮现出棕榈植物的形象吧。19世纪的书中有关法国始新世（5600万～3390万年前）植被的复原图就描绘了棕榈树繁茂的热带雨林。实际上，在塞纳河流域的地层中以及泰晤士河河口地区的谢佩岛上，都出土过已经灭绝的棕榈类植物的果实化石。它们被认为是现存于东南亚热带雨林中的水椰的亲近种。

琥珀也能告诉我们过去植被的情况。巴黎北部的瓦兹省因为出产琥珀而闻名于世。那里的琥珀是由豆科植物祖先 *Aulacoxylon sparnacense* 的分泌物形成的。白垩纪末期，植物大量灭绝，基因组迅猛倍增。这种植物在这一加速演化的过程中出现，随后又消失了。最近，研究者从5500万年前的琥珀提出物中检测出了全新的双萜物质（quesnoin）。这种全新的化合物有着与李叶豆属树木特有的双萜相似的化学结构。而该属树木只生长在亚马孙雨林中。这说明，巴黎盆地在始新世初期仍处于热带雨林之中。

12 19世纪时复原的始新世时期的森林景观。这一时期巴黎和伦敦可能到处都是这样的景色。

Fig. 368. — Paysage de la période miocène à Lausanne, d'après Oswald Heer.

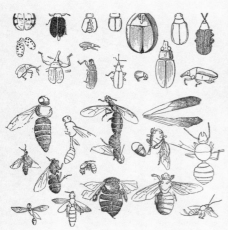

13（左图） 始新世初期巴黎地层出土的琥珀中发现的昆虫化石。图中为19世纪绘制的这些昆虫化石的素描。

14（右图） 约4 000万年前泰晤士河下游地层中出土的水椰类的果实化石。

FIG. 68 — Fruit fossile.
(*Nipadites ellipticus.*)

Fig. 369 et 370. — Insectes fossiles de la période miocène.

第2章

植物帮人类走向定居的20万年

（农耕文明之前）

一般认为，从人类诞生到农业产生需要20万年左右的时间。在这期间，难道人类只是享受着森林和草原带来的馈赠吗？本章就让我们追随早期人类的脚步，看看他们的生活，看看他们是如何让杂草组合从野草中脱颖而出，并进一步从杂草中筛选出栽培植物的。

人类借助森林的馈赠，
不断积累智慧

一般认为，人类的生活方式在 1 万～ 1.2 万年前转变为以农业为基础的定居生活。在这之前，史前时期的人类零星散布在世界各地，他们一边狩猎和采集，一边积累与周围环境和生物接触的技术和知识，以获取更好的生存空间和食物。本章主要审视人类在驯化植物之前与植物之间的关系。相对于其他地区，日本群岛进入新石器时代的时间显得更早。这里的人类一边构建利用植物的生活体系，一边等待农耕文化的到来。他们吸收了在不同时间从不同地区传播而来的农耕文化的有用要素，因此，这里的文化拥有多个地域的特征。作为植物驯化传播浪潮的定点观测地，本章会列举一些日本群岛上所发生的代表性事件。

充分利用富饶的大自然开发生产工具

史前时代的人类最早能够利用的资源似乎只有森林。在充分利用森林这一资源丰富的生态系统的过程中，为了加工森林所给予的馈赠，史前人类的代表性工具包括"火""石""土""水"。所谓"火"，就是烧火的知识和技术。除了人类，恐怕再也没有第二种生物能够利用这种等离子高能状态操控物质。通过使用火，人类可以加热食物，加工"土"和木材，还可以焚烧局部的生态系统。所谓"石"是指石器，为了更高效地加工植物，就要从旧石器（打制石器）升级到新石器（磨制石器），制造出更为结实且具有利刃的工具。所谓"土"是指掌握了高级用火技巧的人类制造的耐高温的陶器。学会制造陶器后，除了通过烧烤加工食物之外，还可以加热食物，大大提高了植物的可食性。所谓"水"，不仅仅指从水源获得饮用水，还包括水的携带和运输技术的掌握，以及把水作为工具来使用。为了更高效地栽培植物，初级的灌溉技术是关键。在人类进入农业社会之前，需要一定的准备时间来掌握这些工具。

人类与植物共同进化的观点

本书在讨论人类如何让杂草组合从野草中脱颖而出，并从杂草中逐渐筛选出栽培植物的过程时，受到了植物学家中尾佐助的观点启发。他认为："植物在人类周围就会自动发生变化，也就是说，是植物一直在等待着人类耕作土地。"后文会对这一观点进行介绍。将农业的开始和发展看作人类和植物的共同进化，确实是非常有意思的观点。

称得上是达尔文思想继承者的理查德·道金斯（Richard Dawkins）认为，人的文化性和社会性是"被扩大的表型"，并主张这是不依赖于基因的演化形式。此外，他还认为，人的知识和想法类似于可以水平传播的病毒基因，并提出了与基因（gene）发音相近的模因（meme）一词代表该概念。按照这种说法，农业生产这种由人类创造的技能，构建了人类与植物之间的生产关系，应该也算是模因的一种。也就是说，先是部分地区产生了早期农业，而其他地区的人们则等待着模因的到来（水平传播），然后接纳并改良农业技术，将之传递给下一代（垂直传播）。

作为定点观测地的日本群岛

从最早到最新的植物栽培技能的传播浪潮，日本群岛都参与过。因此本章将以这一地区所发生的故事为例进行讲解。在日本群岛，还处于狩猎和采集阶段的人类不仅接纳了最早的农耕文明模因，也参与了不同时期传播的不同模因，然后对其依次接纳和改良，并循环往复。从考古资料中可以发现，很早以前就有人类移居日本群岛，从旧石器时代一直到日本绳纹时代（公元前5500—前200年），他们不断接纳农耕文化的"火""石""土""水"这些技术要素。

接下来是日本群岛的史前人类使用技术要素的例子。出土于日本群岛的数百件局部磨制石斧，大多数是3万～4万年前的石器，比世界上其他地区古老的磨制石器普遍要早1万～2万年。关于他们使用"火"与"土"的例子，包括大平山元遗址出土的约1.6万年前的陶器以及在熊本县阿苏市发现的1.3万年前的烧荒痕迹等。另外，由于日本群岛具备了使用"水"的气候条件，他们可以用水进行食材的无毒化处理和加工。于是其他地区农耕文明的栽培植物也传到了日本群岛，并在此生长种植。通常情况下，人类迁徙才能带动新生农耕文明的传播，移居到新土地的人类会成为这片新土地的定点观测者。

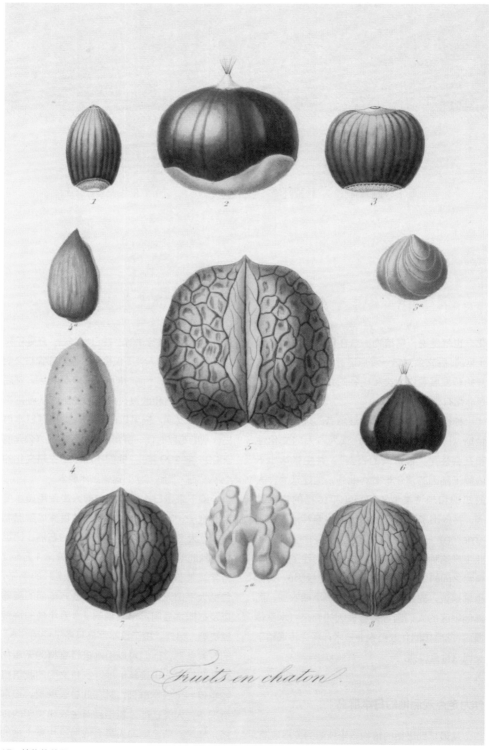

Fruits en chaton

15　植物的种子。

种子和杂草：
人类食用的林中植物

第1章 人类诞生之前

第2章 农耕文明之前

第3章 农耕文明时期

第4章 大航海时代之前

第5章 大航海时代与工业革命时期

第6章 工业革命之后

结语 植物与人类的未来

某天，在北欧寒冷的大地上接连发现了许多身份不明的年轻男子的遗体。经推测，这些男子的死亡时间集中在 2 000 ～ 2 500 年前的铁器时代。某些遗体甚至可以追溯到一万年前。这数百具遗体是在泥炭湿地中发现的。由于泥炭中富含防腐效果很好的有机酸（腐植酸），所以他们的皮肤、内脏、刀砍的痕迹，甚至死亡当天所吃的食物都保存了下来。

考古学家的兴趣很快转向了这些遗体胃里的残留物。在他们的胃里，考古学家发现了很多植物的种子。这些种子除了大麦、燕麦以及谷子的亲近种等谷物和杂粮植物，还包括亚麻、藜、大爪草、荠菜、萝卜、车前草、卷茎蓼等杂草。这些杂草与在如今北欧麦田中发现的杂草差异不大，根据这些发现可以推测当时的农业发展状况。由此看来，考古学资料的确可以成为考证食用植物传播的权威来源。

考古学揭示的人类与植物的相关性

人类为了生存必须吃东西。想要生活得更加健康充实，食物中最好包含所有必需的营养成分。不管在什么时代，这都是人类共同的普遍愿望。在人口达到一定数量的部落形成后，必然会留下与饮食相关的痕迹。因此，可以在有文明兴起的地区进行调查。调查内容不仅包括该地区有哪些食物，还包括环境、经济基础（对农业的依赖程度等）以及食材的获取方式（栽培、采集还是运输而来）等。

比如，借助美索不达米亚地区的楔形文字以及浮雕上所展现的动植物图案，我们可以清楚地了解以上这些信息，同时也能看到作为文明基础的食物的完整图景。再比如，考古学资料也揭示了日本在过去一万年间植物可食化的过程。

接下来，让我们以日本群岛为定点观测地，观察农耕文明到达这里之前人类与植物的关系。原本过着狩猎和采集生活的人类是怎样逐步享用并利用森林给予的种种馈赠呢？他们不仅食用橡子等树木的果实，还一边织树皮，一边灵活高效地运用"水""火""土"，为农业的到来做着准备。与此同时，当时的人类还与当地野生植物一起经营着人类生活。通过列举在日本群岛这一定点观测地上的种种现象，我们应该能够找到人类和植物关系的普遍性。

历经沧海桑田的
日本群岛远古时代的森林

///

基本信息

伪桤杆石（*Paraphyllanthoxylon pseudohobashiraishi*），大戟科，灭绝种
北美红杉（*Sequoia sempervirens*），柏科红杉属
水杉（*Metasequoia glyptostroboides*），柏科水杉属
北美鹅掌楸（*Liriodendron tulipifera* L.），木兰科鹅掌楸属
日本柳杉（*Cryptomeria japonica*），柏科柳杉属

16　在现代森林的植被类型完全形成之前，很多树种反复发生迁移、演化和灭绝。

在日本存在过的森林

　　日本是森林之国，67% 的国土面积都被森林覆盖。毫无疑问，人类在狩猎采集时代就已经开始享用森林的馈赠，并与森林共处。然而，我们并不确定现在所仰望的森林就是由远古时代的森林延续到今天形成的。伪桤杆石、北美红杉、水杉和北美鹅掌楸等曾是形成日本群岛广阔森林的树木，但它们都在不同时期消失了。比如，在日本北九州市出土的被称为"夜宫大硅化木"的巨树化石，就是灭绝的大戟科伪桤杆石树的树干。在大约 3 500 年前的日本西半部，伪桤杆石名副其实就像桤杆一样笔直地耸入

云霄。另外，日本岩手县根反河还发现了 6 棵 1 500 万年前的北美红杉化石（硅化木）。现在北美生长着同一种类的巨树群，但它们在日本群岛已经灭绝。

　　日本绳纹时代前后，由于第三纪以后的气候变化，特别是第四纪冰期和间冰期的反复循环，加上外来植物不断侵入，日本的植被随着环境条件也不断发生着变化。绳纹时代初期，气候一度变暖，植被逐渐向寒温带落叶阔叶林转变，暖温带常绿阔叶林（照叶林）也开始扩大。正是这些树木孕育了绳纹文化。

18　在日本关门海峡西北的响滩海底 3 500 万年前的地层中发现的伪桉杆石硅化木。

CRYPTOMERIA japonica.

17　日本柳杉与日本屋久岛的绳纹杉属于同一种类，分布于日本本州、九州和四国。资料来源：菲利普·弗朗茨·冯·西博尔德（Philipp Franz von Siebold）的《日本植物志》。

消失过又复活了的植物

日本群岛过去消失的一些树种现在又形成了森林。在距今 3 900 万～3 000 万年前（古第三纪）的日本神户曾经林立着水杉，但它们在大约 100 万年前就灭绝了。现在，同样是在神户的土地上，由水杉形成的树林在日本神户市立森林植物园里复活了，到了秋天，人们还可以观赏它们美丽的红叶。

这是因为 1945 年在中国四川省发现了同种的现生树木。随后，被认为已经灭绝的水杉树苗在中国和美国研究人员的帮助下送到了日本大阪市立大学的植物园。通过分株和插枝，树苗变得越来越多，被种到了日本各地。现在，由于是红叶针叶树，长满水杉的林荫街道和森林都成了观光胜地。1941 年，大阪市立大学的三木茂教授在日本岐阜县土岐市的黏土层中发现水杉化石，水杉的命名有其贡献。

虽然日本柳杉很"长寿"，但在某些地方也曾一度灭绝。日本绳纹时代中期，大约 4 000 年前，日本柳杉曾经在中国自然生长。但到了绳纹时代末期，日本柳杉的天然林就消失了。天然林的遗迹在日本的岛根县三瓶山的小豆原地区也有发现，由于这里火山喷发形成的火山碎屑流和泥石流淹没了当时日本柳杉形成的森林，这些树木化石出土时仍然保持着生长期的原貌。现在中国的一些山林都是日本柳杉人工林。

第 1 章　人类诞生之前

第 2 章　农耕文明之前

第 3 章　农耕文明时期

第 4 章　大航海时代之前

第 5 章　大航海时代与工业革命时期

第 6 章　工业革命之后

结语　植物与人类的未来

19　北美鹅掌楸叶子的形状
容易让人联想到日本的传统
服饰半缠，所以有时也被称
为半缠树；它的花容易让人
联想到莲花，所以有时也被
称为莲花树。

N.º 275

Pub. by W Curtis St. Geo' Crescent Sep.¹ 1794

早期的类人猿曾看过的花重现人间

化石记录显示，在美国广泛分布的北美鹅掌楸的近缘种类，大约 1 500 万年前突然出现在日本群岛，又于大约 500 万年前突然消失。北美鹅掌楸作为木兰科植物，雌蕊和雄蕊呈螺旋状排列，因此被认为是保留了原始被子植物形态的种类之一。经证实，它们在白垩纪（约 1.4 亿～ 6 500 万年前）就已经存在了。但现生种类只有原产于美国的北美鹅掌楸和原产于中国的中国鹅掌楸两种。由于它们花的形态很像郁金香，所以也被称为郁金香树。不光是日本，鹅掌楸在很多国家的街道和公园中，都是很常见的树木。

日本最早发现北美鹅掌楸的化石是在 1934 年，当时这种植物被命名为本州鹅掌楸

（*Liriodendron honshuensis* Endo）。根据化石中叶子等部位的形态，该种类与产自美国的北美鹅掌楸基本没有差别，所以有人认为这二者可能是同一种。此外，1959 年在日本福岛市附近的天王寺层中发现的鹅掌楸属的翅果化石，被命名为福岛鹅掌楸（*L. fukushimaense* Suzuki）。

虽然原始的北美鹅掌楸森林在日本群岛消失了，但是日本明治时代（1868—1912 年）又从美国重新引入。如今，除了日本新宿御苑树龄达到 150 年的古树，北美鹅掌楸还在京都大学和岩手大学的校园里被用作街道树和林荫树。可以说，北美鹅掌楸重新扎根在了日本的土地上。

20 曾灭绝的水杉现在成为点缀秋天的风景。摄于日本神户市立森林植物园。

22 从日本地铁四谷站到迎宾馆赤坂离宫的正门,道路两旁的林荫树全都是北美鹅掌楸。

21 日本柳杉的人工林是通过插枝繁殖形成的森林,天然林则分布于日本青森县和鹿儿岛县。

23 北美鹅掌楸的花。

人类与植物相遇的意义

在北美鹅掌楸的例子中,古生物学家通过调查日本群岛的地层发现,北美鹅掌楸大约1 500万年前突然出现,又在大约500万年前突然消失。伪桅杆石、北美红杉、水杉和日本柳杉都存在同样的情况。

接下来,我们将目光转向地球日历上新一年,1月1日的正午(距今630万年后的未来)。假设未来的科学家调查了包括现代在内的日本群岛的植被变化,那他们应该会注意到,距今500万年前灭绝的北美鹅掌楸,距今100万年

前消失的水杉,大约距今3 000年前消失的日本柳杉森林,在某一时刻几乎同时复活了。这些只是部分例子。在世界各地,原本已经灭绝的森林会复活,没有存在过的植被会瞬间出现,到处蔓延的植被会迁移或消失。由此可知,以地质年代的尺度来看待植物世界时,发生的这些变化都是非连续的。然而,随着人类活动范围的扩大以及对植物依赖程度的提高,我们对植物世界产生了影响。现在就让我们开始探索植物与人类相遇的意义之旅吧。

第1章 人类诞生之前
第2章 农耕文明之前
第3章 农耕文明时期
第4章 大航海时代之前
第5章 大航海时代与工业革命时期
第6章 工业革命之后
结语 植物与人类的未来

橡子：
人类开始加工野生植物

基本信息

赤皮青冈栎（*Quercus gilva*），壳斗科栎属
主要分布地区：中国、朝鲜半岛以及日本太平洋沿岸

麻栎（*Quercus acutissima*），壳斗科栎属
主要分布地区：喜马拉雅山脉、中国内陆地区、中南半岛、朝鲜半岛、日本

其他登场的植物：胡桃属植物（*Juglans*），胡桃科；日本七叶树（*Aesculus turbinata*），无患子科七叶树属；糙叶树（*Aphananthe aspera*），大麻科糙叶树属

24　橡子是壳斗科植物果实的通称，有时也用来称呼锥栗的果实。锥栗的果实是唯一一种不用去涩就可以食用的橡子。

橡子是碳水化合物的来源

曾有新闻报道说，在山区坚果橡子歉收的年份，熊会在秋天下山去村子里寻找食物。即便是现在，在由壳斗科树木形成的森林中，它们的果实对于生活在森林中的动物来说也是珍贵的食物来源。

在农耕文化到来之前的日本绳纹时代，对于生活在日本群岛的人来说，重要的食物来源就是以坚果类为主的树木果实。这些果实富含碳水化合物，营养价值高，还可以长期保存。因此，当时的人们并没有完全依赖难以猎取的动物来补充蛋白质，而是通过橡子等坚果类食物补充大部分营养。也正因为如此，在绳纹时代，树木的果实种类越丰富的地方，人口密度越高，比如日本东北地区。而且，几乎所有绳纹时代遗址的发掘报告中都有此类果实出土的记录。

大约 6 500 年前的绳纹时代成熟期，正值气候变暖，海水入侵内陆腹地。研究认为，这一时期人类对采集照叶林中的橡子、日本七叶树果、胡桃等坚果类果实的依赖程度特别高。秋天采集的坚果类食物存放在地下挖好的窖穴里，作为冬天的储备食物。日本冈山县南部的前池遗址中，保存了绳纹时代晚期的储藏窖穴。为了储备食物，当时的人们会先把橡子放到窖穴里，然后依次用树叶、树皮和黏土封住洞口。

25　在智人北上之前，欧洲的洞熊与尼安德特人为了争夺可以用作居住的洞穴而冲突不断。虽然2万多年前，双方都从地球上消失了，但是动物与人类之间共享食物和土地的关系却维持了很久。

第1章 人类诞生之前

第2章 农耕文明之前

第3章 农耕文明时期

第4章 大航海时代之前

第5章 大航海时代与工业革命时期

第6章 工业革命之后

结语 植物与人类的未来

为了去除涩味而进行的技术革新

　　胡桃和栗子只要剥掉坚硬的外壳就可以直接食用，但是橡子类的坚果都有涩味，如果不去除涩味就不能食用。

　　涩味产生的根源是单宁。这种成分即使加热也不能消除，但它具有水溶性，所以要想去除涩味至少得用水冲洗。如果把果实捣碎过水，会导致那些细小的果实颗粒流失，因此必须有能够将它们留住的容器。这一工艺的技术门槛绝对不低。那时的人们可以食用橡子类的坚果这件事本身就说明，他们不光发现了去除涩味的方法，还掌握了陶器或水瓢等容器的制造方法。也许正是制造容器的人发现了这些坚果可食化的处理流程。既不能让果实粒冲走，又要尽快去除涩味，人们煞费周章食用橡子的行为，恐怕与绳纹时代陶器制造技术的发展有很大的关系。

　　坚果的涩味被去除之后，从中得到的淀粉会被加工成面包或者烘焙点心之类的食物。这一点

26　日本绳纹时代后期至晚期加工日本七叶树的遗址，出土于日本埼玉县的赤山阵屋遗址，是用来冲洗日本七叶树果的水槽。

可以从遗址发现的碳化食材中得到证明。到了绳纹时代后期，与用水相关的技术水平大大提高，人们已经可以在水边建造大规模的工作场所。研究发现，那个时候气候变得寒冷，所以胡桃和栗子的产量大幅减少。但由于技术水平的提高，当时的人们已经可以食用涩味很强的日本七叶树的果实。靠着这些珍贵的营养来源，他们才得以克服环境变化的影响。

27　插画上的日本七叶树是无患子科七叶树属植物，
在法国还有其亲近种欧洲七叶树。

28　糙叶树是广泛分布于亚洲东部的落叶乔木树。对鸟类来说，糙叶树的果实是森林中重要的食物来源。灰椋鸟的日语名字源于它们喜欢吃糙叶树的果实。

29（左图）　出土于日本佐贺县东名遗址的编筐。这些编筐非常精致。如果仔细观察还可以发现编织手法多种多样。图中是东名遗址中出土的编筐。
30（右图）　用相同的材料尝试复原的仿制品。当时的人们应该已经能制作大大小小各种样式的编筐。

31　堆叠在一起出土的 5 个编筐。

日本绳纹时代的编筐技术

2005 年，在日本佐贺县的东名遗址中发现了共 60 处公元前 5000 年左右存放橡子（赤皮栎、麻栎等）的储藏窖穴。在一半的储藏窖穴中都发现了大量植物性纤维的编筐，因此橡子极有可能是放在编筐里储藏的。

更有趣的是，日本传统手工艺所采用的精细复杂的编织纹理，在日本出土的最古老的编筐中也有发现。这些编筐所使用的材料不是竹子，而是糙叶树和日本七叶树。如果要将树木加工成可以用来制作编筐的柔软材料，就必须使用有锋利刃部的石器。由此可见，为了更好地保存珍贵的食材，史前人类在潜心钻研加工原始材料的技术。或许，这样的加工方法也沿

袭到了作为新材料传播开来的竹子上，并一直保留到现代。

此外，还有使用其他方法加工糙叶树的例子，比如日本千叶县雷下遗址中出土的 7 500 年前的独木舟和桨。这种独木舟是把糙叶树的树干挖空制作而成。那时的人们用火烤焦树干表面，然后使用石斧削掉碳化部分。这些制作过程所留下的痕迹都保存在了出土的独木舟上。像这样的独木舟在 5 500 年前的日本福井县鸟浜贝丘等遗址中也有出土。糙叶树生长速度快，短时间内就可以长成大树。因此，作为非常容易再生的树种，糙叶树的木材应该都被当时的人们当成宝贝。

藜和栗：
人类挑选和培育的杂草

//

基本信息

藜（*Chenopodium album* L.），苋科藜属
原产地：欧亚大陆

日本栗（*Castanea crenata*），壳斗科栗属
原产地：日本和朝鲜半岛南部
主要分布地区：暖温带到温带地区

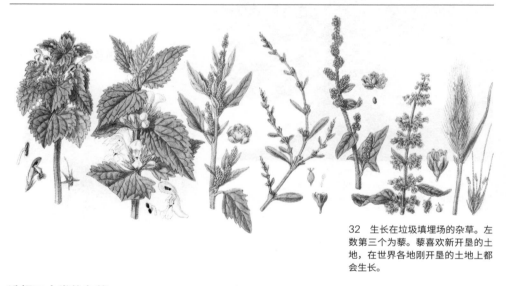

32　生长在垃圾填埋场的杂草。左数第三个为藜。藜喜欢新开垦的土地，在世界各地刚开垦的土地上都会生长。

选择了人类的杂草

　　当人类在生态系统中开辟出一个角落建造小规模的居住地时，就要每天生火做饭，草木灰中的矿物质就会残留到土地中。同时食物在人体内消化后会被排泄到周围的环境中。如此一来，随着人口的增长，居住地周边的土壤氮元素浓度会变高，在化学成分上也会逐渐与其他环境的土壤产生差异。

　　在这一过程中，能适应被人类改变的环境的植物逐渐出现了。这就是杂草。与原本适应了自然环境的野生植物相比，杂草可以形成明显不同的组合。由于杂草喜好人类创造的环境并在其中繁殖，随着古代文明的兴起以及人群的迁徙，它们把栖息地扩展到了世界各地，随着人类生活在地球的各个角落，与野草相比，杂草的分布地区格外广泛。

　　这里以日本弥生时代（公元前300—250年）中期约1000人居住过的环壕聚落遗址（日本爱知县的朝日遗址）为例，来说明史前人类的生活是如何改变环境的。在这一遗址中，人口密度从某一时期开始变高，周围的环境也随之发生了很大的变化。这些都可以从地层中保存的寄生虫卵的数量和食粪性昆虫的痕迹看出端倪。后来，随着聚落的人口减少，上述的这些寄生虫和昆虫也从地层中消失了。虽然那个时候还没有开始发展农业，但是人类已经开始聚居。也正是从那个时候，人类活动开始明显地影响到植物的分布。

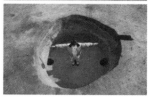

33　在山林中自然生长的原始野生种被称为柴栗或山栗。人们从原始野生种中挑选了果实大的植株并培育成了栽培种。

34（上图）　是复原三内丸山遗址中的巨大干栏式木构建筑的外观，高14.7米，复原时的材料采用了俄罗斯栗木。

35（下图）　三内丸山遗址中直径比人双臂伸展还要大的柱坑。

--- 知识进阶 ---

农业的形成是人类世的预告吗

在地质学上，人类世是继全新世（一万多年前至今）之后最新的一个时代。在这个时代中，人类活动的影响力已经强大到可以改变环境，甚至能在地球上留下地质学的痕迹。目前，科学家们正在商讨并积极推进以 20 世纪中叶的地层来代表这个时代开始的金钉子（地质学中的时间标记）。然而，部分人类世的研究者主张，人类世应该始于人类最初进行农业生产活动的时期。如果采纳这种观点，那么通过地层分析发现的 5 500 年前的人工种植林也有被当成人类世开端的可能。

生长在人类居住地周边的栗树林

日本绳纹时代中期以后，栗子很有可能是因为味美而为人们所喜欢。在日本青森县的三内丸山遗址，考古学家分析聚落遗迹的周边环境发现，通过孢粉分析法，约 5 500 年前，枹栎林的面积缩小而日本栗的面积开始增加。这里出土的栗子大小均匀，说明它们根本不是野生栗，而是当时的人们筛选过后才种植的。

之所以说遗址周边的栗树林都长成了大树，是因为干栏式木构建筑巨大的柱子所使用的木材均为栗木。而急剧的植被变化说明，当时的人们为了维持规模庞大的聚落的生存发展，对环境进行了改造，用某种方式开发日本里山并

采伐栗树作为木材。然而，三内丸山周边的栗树林究竟有没有达到驯化的程度，还需要更深入的研究。但至少这可以作为人类活动改变植被的最早实例之一。

另外，绳纹时代的森林生态系统也受到了气候变化的巨大影响。日本三内丸山是史前人类连续居住了 1 500 年的地方。在出土的木结构建筑的柱子中，大约 4 000 年前的年轮宽度变窄，这说明那个时候气候变得寒冷，树木的生长速度变慢。作为气候变化定点"观测对象"的栗树林以及这里的聚落，此后没多久便几乎同时迎来了终结的命运。

第 1 章　人类诞生之前
第 2 章　农耕文明之前
第 3 章　农耕文明时期
第 4 章　大航海时代之前
第 5 章　大航海时代与工业革命时期
第 6 章　工业革命之后
结语　植物与人类的未来

来自照叶林的水果：
对森林的馈赠进行栽培

基本信息

欧菱（*Trapa japonica*），千屈菜科菱属
主要分布地区：大多分布于日本、朝鲜半岛、中国、俄罗斯沿海地区的湖沼

北海道接骨木（*Sambucus racemosa* subsp. *kamtschatica*），五福花亚科接骨木属
主要分布地区：堪察加半岛、千岛群岛、北海道等鄂霍次克海周边地区

其他登场的植物：唇形科植物（Lamiaceae）；鸡桑（*Morus australis*），桑科桑属；桃（*Prunus persica*），蔷薇科李属

36　北海道接骨木分布于日本关东以北的本州和北海道。接骨木圆锥花序的花（淡黄色）开过之后会结出3～5毫米的红色果实。因为鸟类会以这些果实为食，故又称鸦果。

照叶林带来的农业萌芽

　　根据中尾佐助对栽培植物起源的研究，跨越印度、中国和日本群岛并发展壮大的照叶林农耕文化带给人们六大馈赠，即丝绸、茶、漆、橙、酒和紫苏。丝绸的生产离不开作为家蚕食物的桑、鸡桑和蒙桑，而酒的生产离不开米和果实，可以说这些馈赠都与植物相关。

　　生活在日本群岛的人类在农业开始之前，就已经在使用日本里山的馈赠，这也算得上是照叶林农耕文化的萌芽。那么，在这六大馈赠当中，他们最早得到的当属丝绸。在日本福冈县早良区弥生时代中期的遗址中，与陶器一起出土了丝绸织物碎片。据此推断，在那个时代

之前，蚕桑应该已经从中国传播到这里并被人们所接纳。另外，当时的人们很可能还学会了食用鸡桑的果实。茶和漆的使用也非常早，后文会对此再作介绍。

　　在开始使用米酿酒之前，人们可能已经掌握了使用果实酿酒的技术。在三内丸山遗址的垃圾填埋场遗迹中发现了大量植物残骸形成的厚层堆积。有的学者认为这应该是酿完酒之后丢弃的果实残渣。在绳纹时代的遗址中也发现了主要由北海道接骨木的果实和种子形成的团块。

37 日本奈良县平城京遗址中从残存的厕所和护城河中出土的部分植物残骸。从左至右分别为杨梅核、树莓核、山椒种子、鬼胡桃核和桃核。

38（上图）欧菱富含淀粉的果实。
39（左图）生长在水中的欧菱，人们大约从绳纹时代就开始食用欧菱，这一习惯传承了下来。日本人在第二次世界大战后把欧菱作为重要的食物进行栽培。《万叶集》第十九卷描写了人们栽培和收获欧菱的情景。

第1章 人类诞生之前
第2章 农耕文明之前
第3章 农耕文明时期
第4章 大航海时代之前
第5章 大航海时代与工业革命时期
第6章 工业革命之后
结语 植物与人类的未来

通过果园增加森林的馈赠

以前方后圆的古老坟而闻名于世的日本奈良缠向遗址中出土了约 2 800 颗大约 2 000 年前的桃子种子。在日本奈良的都城遗迹（残存的厕所和水井）中出土了大量的 7 世纪末—8 世纪末的植物种子。这些种子对于推测古代日本人接受了森林的何种馈赠具有非常重要的参考价值。

当时来自森林的馈赠包括坚果类的鬼胡桃、姬胡桃、榛、栗、尖叶栲、长果锥，果实类的杏、梅、桃、李、樱、梨等蔷薇科的水果，以及柿、鸡桑、杨梅、毛葡萄、树莓和木通。另外，还包括白背爬藤榕和山椒。

尽管大多数果实都无法保存下来，但根据出土的大量果实种子推测，在日本奈良时代（710—794 年），为了满足都城的需求，人们已经在都城周边进行了大规模果树种植。

另外，《古事记》和《日本书纪》中都记载了六大馈赠之一的橙，并指出橙是在垂仁天皇时期（公元前 29—70 年）从外国引入日本的。如果这些记载真实可靠的话，那么在日本绳纹时代可能还不存在橙，但这一点并没有考古学的证据支持。

40　可能是因为每个果实里都含有大量的种子，所以与其他果实相比，
木通的种子更加容易保存下来。

Ampelographie.

J. Timmy

Petit Ribier

41 欧洲葡萄虽然可以直接吃，但为了长时间保存，人们通常会借助风和阳光将其晾晒干，做成含水量在 16% 左右的葡萄干。

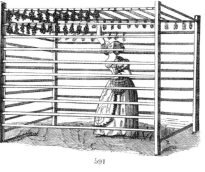

591

42 18 世纪欧洲晾晒葡萄的场景。日本的很多地方也保留了制作柿饼等将果实晒干保存的习俗。

第1章 人类诞生之前

第2章 农耕文明之前

第3章 农耕文明时期

第4章 大航海时代之前

第5章 大航海时代与工业革命时期

第6章 工业革命之后

结语 植物与人类的未来

容易腐烂的果实以及保存的历史

说起果实的历史，人们往往只会关注它们是何时实现驯化、如何传播以及如何采摘的。但在考虑人类饮食习惯的变迁时，如何储存果实的这一问题同样值得关注。

生活在热带地区的人们一年四季都能获得食物，但对于生活在其他地区的人们来说，食物的保存一直都是生存所面临的重要问题。坚果可以长时间大量储藏，是冬季的优良食物。而果实作为来自森林的馈赠，人们为了延长其保存时间，防止同鱼类、贝类等生鲜食物一样由微生物引发腐烂和变质，发明了用盐、醋或酒腌制的方法，以及借助干燥的冷风或热风使其风干。在公元前的时期，人们为了保存果实会将其腌在蜂蜜中。在人们掌握糖的制作技术之后，会把水果腌在砂糖中，并加热密封制成果酱。

果实保存方法的变革发生于距今一个世纪以前。人们从制作果酱的加热、烹调、装瓶的方法中获得灵感，发明了果实不用风干就可以保持原有的形状的技术，从而方便买卖流通，这就是制作水果罐头的方法。水果罐头在第二次世界大战前后的数十年间在全世界大量生产，但随着战后冷藏技术的普及，新鲜蔬果受到人们的青睐，水果罐头的生产和流通便急剧减少了。

漆树：
人类发现了天然树脂和涂料

基本信息 ——————————

漆树（*Toxicodendron vernicifluum*），漆树科漆树属

43　分布于北美的漆树同类太平洋毒漆（*Toxicodendron diversilobum*）。盐麸木属的很多树木都可以用作香辛料，但是含有漆酚的品种不可以食用。

漆的使用，世界上最古老的传统技艺

日本土生土长的野漆（*Toxicodendron succedaneum*）以及与之亲缘关系较近的树木的果实都可以用来制造日本蜡烛的原料——蜡。虽然漆树可以结出富含蜡的果实，但是人们利用更多的是将树皮割伤之后得到的树液。这种树液被称为生漆，是照叶林农耕文化所给予人们的馈赠之一。

考古学资料显示，日本对漆的利用历史悠久。位于日本北海道函馆市的垣之岛 B 遗址就出土了约 9 000 年前用漆制成的随葬品。这也是世界出土的最古老的漆制品之一。日本福井县的鸟浜贝丘遗址还出土了 1.26 万年前的世界最古老的漆树木片。据此可以推测，那个时候漆树已经生长在日本福井周边的森林中，并且存在于人们的生活场所中。

作为树脂的生漆，涂在传统木制品的表面可以增强其防水性、耐腐蚀性和强度，一直都是涂漆的原料。人们还长时间将生漆作为黏合剂使用。对于诸多传统技法，如将佛像涂成红色、给木像贴金箔以及进行金缮修复等，生漆也是不可或缺的材料。此外，由于漆耐高温的特性，日本的南部铁器也会使用漆。

44 日本山形县押出遗址出土的彩漆陶器（复制品）。绘制在红色底漆上流畅的黑色花纹，充分展现了当时的技术水平。

45 腰果树的树液虽然与漆树的树液相似，但是缺少催化漆酚聚合的酶。于是人们便发明了添加了催化剂的腰果漆，并用于直接在火上烹煮的日本南部铁器上。

第1章 人类诞生之前

第2章 农耕文明之前

第3章 农耕文明时期

第4章 大航海时代之前

第5章 大航海时代与工业革命时期

第6章 工业革命之后

结语 植物与人类的未来

黑色与红色装饰的绳纹陶器

作为涂料的漆分为黑漆和红漆。这种传统工艺在日本从绳纹时代一直持续至今。这一点可以从日本山形县押出遗址出土的 5 800 年前的彩漆陶器得到证实，这些陶器颜色鲜艳，涂有红黑两色的漆。素烧（烧制未施釉的生坯）而成的陶器总会漏水，还容易蒸发。很可能当时的人们是为了防止漏水才开始在陶器上涂漆，后来才渐渐发展了装饰用途。

实际上，黑色的漆是漆树树脂中融入了煤或碳，而红色的漆则添加了红色色素。在传统工艺中使用的红漆，是加入了硫化汞而显色，而古代的红漆是氧化铁粉末的颜色（土红）。绳纹时代被密封进漆树树脂中的红黑两色颜料在 5 800 年后依然保持着鲜艳的颜色，这已经很让我们感到惊讶了，但更让我们惊讶的是当时人们的化学知识。

漆树、野漆等漆树科的植物可以合成漆酚这种不溶于水的物质。这种物质也是引起漆疹这种过敏性接触性皮炎的原因。但非常不可思议的是，在漆树科的植物中居然有很多让人着迷的食用植物，比如在世界各地都非常重要的农作物杧果（*Mangifera indica*，俗称芒果）、阿月浑子（*Pistacia vera*，俗称开心果），以及腰果（*Anacardium occidentale*）等。

水与火的使用：
改变了人类与植物的关系

基本信息

葫芦（*Lagenaria siceraria* var. *gourda*），葫芦科葫芦属
原产地：**非洲**
主要分布地区：**日本、中国、朝鲜半岛**

芒（*Miscanthus sinensis*），禾本科芒属
原产地：**东亚**
主要分布地区：**日本、中国、朝鲜半岛**

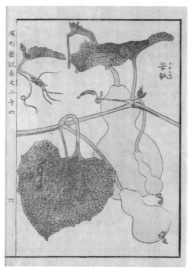 

46 19 世纪初期，岛津藩所著的《成形图说》中的葫芦。中美洲和南美洲出土的葫芦的 DNA 均为亚洲型，这说明葫芦并不是经过大西洋，而是从亚洲经过太平洋到达的美洲大陆。

旅行的盛水容器

我们常说，史前人类与动物的不同之处就在于人类可以使用火。但是，能够运输和储存水也应该是人类的特征。对于狩猎采集生活来说，随身携带水壶的好处显而易见。过去人们从一个大陆迁移到另一个大陆，没有盛水的容器应该也是不可能做到的。

转机应该就是葫芦的驯化。葫芦内部中空、外壳（果皮）坚硬。自从人们发现了这种植物，便可以简单方便地运输和携带水了。据推测，在一万多年前，葫芦自从在其原产地非洲被栽培之后，便以惊人的速度随着人类的迁移在各大陆之间传播。在墨西哥的塔毛利帕斯洞穴遗址以及秘鲁的阿亚库乔遗址均发现了

9 000 ～ 12 000 万年前的葫芦种子和果皮的碎片。在亚洲，泰国鬼神洞出土了 9 000 年前的葫芦种子；中国的河姆渡遗址出土了 6 700 年前的葫芦种子和果皮；日本群岛出土的葫芦种子年代也非常久远，日本滋贺县粟津湖底遗址出土了 9 600 年前的葫芦种子。

葫芦也曾是打水的工具。6 世纪的水井遗迹（日本石川县藤江 C 遗址）中就出土了葫芦水舀，由切开的葫芦硬壳装上把手制成。日本奈良县的石神遗址（7 世纪）和平城京水井遗迹（8 世纪）都出土过葫芦的种子。可以看出，在处处需要用水的生活中不可或缺的葫芦，对于人们来说一直都是重要的生活工具。

47　日本阿苏山上烧荒的情景。有学者分析了这一地区的地层中碳化的植物痕迹和禾本科植物中含有的植物硅酸体的分布，发现阿苏山上的草地从大约 1.3 万年前开始便一直受到人为的维护。

48　日本石川县藤江 C 遗址出土的葫芦水舀。日本弥生时代中期和后期的遗址中常会出土葫芦形的陶器或水舀。据此推测，那个时期的人类用陶器再现了葫芦的形状和储水的功能。这也说明，那个时候人们已经开始使用陶器作为葫芦的替代品。

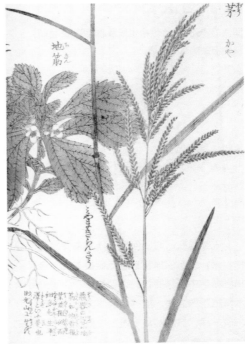

49　包括芒在内的禾本科植物具有从土壤中吸收硅元素在细胞壁沉积的特点。随着二氧化硅的沉积，这些植物体会形成微小的结晶，被称为植物硅酸体。不同的植物产生的植物硅酸体的形状也不同。

驾驭植被的技能——火

火给史前人类带来的好处包括取暖、做饭、驱赶猛兽、烧制陶器、加工木材等。但接下来本书要介绍的是火对植被的控制。在自然界中，火改变植被的例子不胜枚举。比如，北美的针叶林每次发生山火，矮小的树种会受到更大的破坏，因此高大的树种被不断地纯化。像这样的山火和野火具有重置植被类型的效果。

以此为目的所进行的活动就是烧荒。如今，有很多草地就是依靠烧荒维持着草原植被。然而，哪怕只是将烧荒活动暂停几年，这些土地的植被就会从由一年生的草本植物形成的草原向多年生的草本植物的草地或灌木丛转变。因

此，现在由烧荒而形成的草原很有可能是人们从很早以前为了利用土地而人为干预的结果。日本九州阿苏破火山口的北部，有一片广袤的草原，在那里芒等一年生禾本科植物非常繁茂。

在日本传统的山坳农耕方法里有烧田的方法。这是亚洲和大洋洲所共有的传统农耕方法，据推测这一方法从大约 3 000 年前就已经存在了。这种传统的火种农业是为了避免农作物的连续耕作，从而周期性地进行火烧、栽培、恢复植被。这与近年来频繁的人为火灾导致热带雨林农田化、牧草地化或草地化的情况截然不同。

在稻子体内制造的
微小的宝石

即使植物死亡，土壤中也残留着能够告诉我们
植物相关信息的物质。

人类是在何时、何地与作为主要食物的谷物相遇，又是怎样将其广泛传播的呢？这是植物考古学中经常探讨的课题之一。为了追寻禾本科植物的痕迹，植物硅酸体分析法与孢粉分析法一样，都能够从土壤中提取了解过去植被信息的线索。

在细胞层次强化植物的微粒

部分植物可以从土壤中吸收硅元素作为养分，并以此为原料生成二氧化硅。它们将这些二氧化硅沉积在细胞表面，使得植物的物理强度得到加强。这种存在于植物组织内的二氧化硅微粒被称为植物硅酸体。其性质非常稳定，即使植物体枯死腐烂，植物硅酸体也可以在土壤中长期保存。比如，部分蕨类植物结实的茎、仙人掌和蔷薇坚硬的刺，都是植物硅酸体在起作用。糙叶树的树叶表面富含植物硅酸体，所以经常晒干后用来打磨木材和家具。最近还有报道发现鸡桑的叶子中也含有菊花形态的特殊植物硅酸体。禾本科中最大的植物竹子的纤维柔软坚韧，也是得益于植物硅酸体。竹子的植物硅酸体还被用于扬声器振动板。

排列于禾本科植物叶子中的
独特的植物硅酸体

像这样能够高效吸收硅元素并将之沉积于细胞壁上的能力，在禾本科植物中尤为显著。在水田中碰到水稻，或者在野外不小心徒手摸到芒或白茅等禾本科杂草的叶子时，手上很有可能会留下切割伤口，就像触碰到锋利的刀刃一样，这是因为叶片周围由微小的玻璃质突起形成了锯齿状利刃。禾本科植物叶片周围的微细锯齿构造，是由二氧化硅在局部沉积而形成的。在禾本科植物的叶子中，除了锯齿构造之外，还存在其他构造独特的二氧化硅微粒。正是因为这样，人们才有可能根据残留在土壤中的植物硅酸体去鉴定禾本科植物的种类。

地质学家们很早就已经注意到，在古老的地层中能够找到来自禾本科植物的植物硅酸体。注意到根据植物硅酸体结晶形态的不同可以鉴定植物种类，并将这一方法引入考古学的，是日本宫崎大学的藤原宏志等人。这一方法对于在下一章探讨水稻的起源和传播做出了很大的贡献。

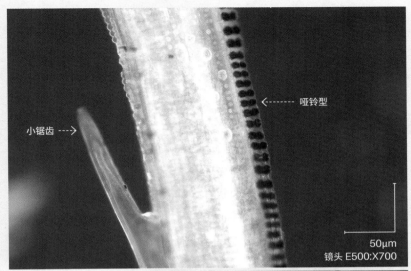

小锯齿 --->

哑铃型 <- - - -

50μm

镜头 E500:X700

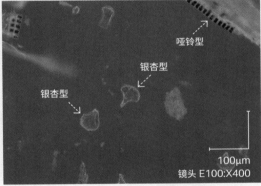

哑铃型

银杏型

银杏型

100μm

镜头 E100:X400

50（上图） 稻子叶片中包含 3 种植物硅酸体，图中是叶片白色纵向叶脉排列整齐的哑铃型（长 15 微米）以及叶片周围突起的小锯齿（长 220 微米）。

51（下图） 图中能看到只有在稻子中才有的银杏型（长 57 微米）植物硅酸体。

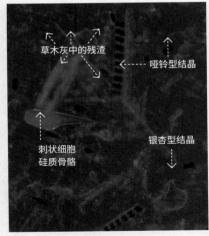

草木灰中的残渣

哑铃型结晶 <- - - -

刺状细胞硅质骨骼

银杏型结晶

52 草木灰的残渣中难以辨识的典型结晶。稻子叶片即使被焚烧后，植物硅酸体也会在草木灰中保存下来。

本页的显微照片拍摄于日本北九州大学计测分析中心。稻子叶片由日本福冈县水卷町枞地区的小田氏提供（品种：梦尽）。样品在 560°C 下经 18 小时碳化。

第3章

发现粮食作物，传播饮食文化

（农耕文明时期）

这一时期，享用大自然馈赠的人类与植物建立了互惠互利的关系。农业自此拉开序幕。本章聚焦于从人类开始定居到文明兴起，再到繁衍至 80 亿人口这一过程中，始终都是人类伙伴的作物——谷物。

农业是人与植物契约关系的开始

托马斯·罗伯特·马尔萨斯（Thomas Robert Malthus）所著的《人口学原理》对达尔文的进化论产生过一定的影响，书中探讨了人口与粮食的关系。根据该著作，人口的增长呈指数式的上升曲线，而粮食的生产力以直线的方式增长，最终人口的增长会追上粮食生产力的增长。实际上，如果没有充足的粮食，人口增长就会有上限。反过来考虑，即使人口增长已经达到上限，但如果粮食的供给增加了，人口还会继续增长。

在文明兴起时期，人口增长的原因很明显就是粮食生产力的增强。能够生产主食且养育很多人口的粮食生产技术，即由植物的驯化发展而来的农业毫无疑问才是文明兴起的关键。

将大地的馈赠掌握在自己的手中

居住在底格里斯河和幼发拉底河流域的人类，其生活方式在 1 万～1.2 万年前从狩猎和采集转变为定居生活。植物的驯化以及牲畜的饲养是人类定居和人口增加的起点。

在 20 世纪上半叶之前，主流的"一元论"观点认为地球特定地区形成的农耕文化传播到了全世界。但之后，俄罗斯的尼古拉·伊万诺维奇·瓦维洛夫（Nikolai Ivanovich Vavilov）博士的团队在世界各地搜寻作为栽培植物起源的原种，结果发现栽培植物在全世界有 12 个起源地。在这些地方产生的不同农耕文化互相影响并传播到了世界各地。这一观点逐渐得到了更广泛的支持。

对于不同农耕文化的栽培植物的传播，可以从地理空间上的扩散和时间上的变化两个方面来理解。关于前者，本章主要关注不同地区的植物驯化的历史；关于后者，本章根据前文引入的农耕文化"定点观测对象"的观点，进一步说明作为主要粮食的植物与人类的关系。

世界各地的主食作物

现在我们的日常食物有主食和副食之分。

日本小学供餐的营养指南中，主食为面包和米饭，而副食为菜肴和汤。在生活中反复摄食并担当最大的热量来源（主要为碳水化合物）的食材称为主食。主食包括作为水稻种子的大米、作为小麦种子的小麦以及马铃薯的块茎等。日本部分书籍认为"主食是仅在日本才使用的区域性词"的观点是错误的，因为主食确实是全世界都在使用的词，英文为 staple food。

根据联合国粮食及农业组织 2012 年统计的数据，现在世界上年产量前十的主食包括玉米（8.7 亿吨）、大米（7.4 亿吨）、小麦（6.7 亿吨）、马铃薯（3.7 亿吨）、木薯（2.7 亿吨）、大豆（2.4 亿吨）、番薯（1.1 亿吨）、薯蓣（0.6 亿吨）、高粱（0.6 亿吨）、大蕉（烹饪用香蕉，0.4 亿吨）。由于农民自家消费的粮食并没有反映在统计数据中，所以实际的产量应该更多。

人类发现这些可以变成主食的植物，可以说是历史上改变了人类和植物双方状况的最大事件。接下来，我们把麦类、大米（稻）、薯类等淀粉类和豆类分开，分别探讨这两大类植物

逐渐变成主食的过程。这一过程自然也与人类文明兴盛的道路相重合。

作为人类共同文化遗产的栽培植物

由于研究栽培植物的起源而出名的中尾佐助，曾将栽培植物形象地称为"人类共同的文化遗产"。然而，为什么小麦和稻这样的"草"会成为人类共同的文化遗产呢？实际上，栽培植物是长期人为干预、反复改良的一类植物，与原始社会自然生长的植物属性完全不同。例如，谷物为了繁衍后代会结出过量的种子。大量过剩部分就属于既是守护者又是栽培管理者的人类的份额。作为交换，这些植物可以从人类那里得到保证，翌年可以在面积更广阔的土地上繁衍后代。人类与特定植物之间密切的关系就像契约关系。人类今日的繁荣证明，我们的祖先经过几千年时间的改良和发展的合作伙伴——栽培植物，得到"人类共同的文化遗产"这一称谓当之无愧。

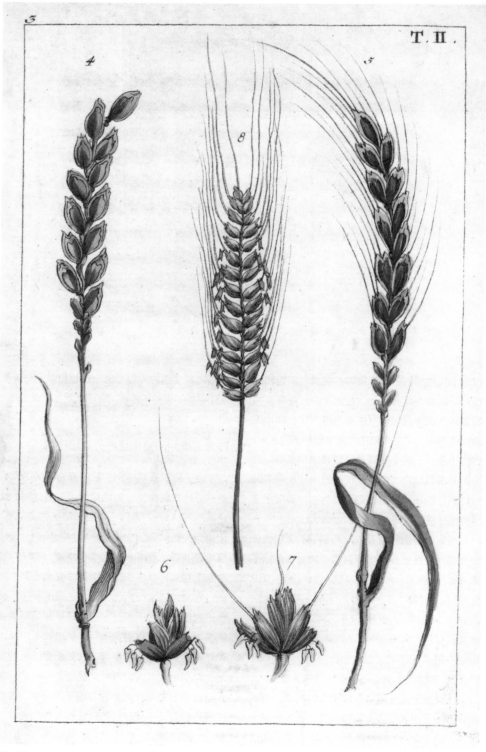

53 麦。

麦：
地中海文明的支柱

第1章 人类诞生之前

第3章 农耕文明时期

第4章 大航海时代之前

第5章 大航海时代与工业革命时期

第6章 工业革命之后

结语 植物与人类的未来

在生态学中，赋予一个地区特征的植物组合称为植物群。先注意到地中海周边地区植物群特殊性的是丹麦生态学家克里斯蒂安森·劳恩凯尔（Christiansen Raunkiaer）。与其他地区不同，地中海地区一年生植物所占比例非常突出。在地中海的气候条件下，自然生长的禾本科植物中，可以培养成作物的植物占了多数。

在这个气候带中，冬季雨水多、气温也不会大幅下降，夏季干燥高温。正因为如此，麦类的种子在过了干旱期的秋季发芽，到了冬季在湿润的土壤中扎根，春天气温上升之后便快速生长并结出麦穗。在高温且干燥的夏季到来之前，种子成熟。就这样，麦类完美地适应了这样的气候。在最初没有育种和选种的情况下，某个时间，人类在生长着非常适合农业的一年生植物的大地上，发现了麦类以及共生的杂草。正是由于这些发现，底格里斯河和幼发拉底河流域以及地中海地区的地中海农耕文化实现了飞跃性发展。

作为参考，在热带稀树草原地区自然生长的野生禾本科植物中，有很多多年生的种类。然而被驯化的谷物无一例外均为一年生。这并不是偶然，考虑到作物的管理周期，一年生植物具有极大优势，适于被驯化，所以人类才有意选择这类植物。

等待人类收获的植物

最早以驯化作物为研究对象深入探讨进化问题的学者是达尔文。被达尔文选为研究课题的禾本科植物在驯化过程中最为显著的变化是抛弃了野生种原本具有的"高效散播种子"的策略，而选择了"等待人类收获"，这也是其与野生种最大的区别。可以说，种子颗粒有无脱落特性是野生种和栽培种的决定性差异。

具有脱落特性的野生禾本科植物为了在草原的生存竞争中获胜，它们大量散播种子的能力很出色。然而，如果站在栽培和收获的角度上看，这种能力却是不可取的缺点。于是，可以想象每当人类在采集和栽培野生谷物时，总会选取不具有脱落特性的植株。实际上，研究者在2017年发现，驯化的小麦失去了与种子飞散相关的两个基因簇。

大麦：
世界上最早被驯化的作物

//

基本信息

大麦（*Hordeum vulgare* L.），禾本科大麦属
原产地：伊拉克周边

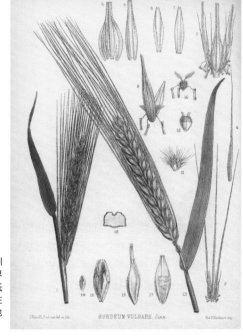

54 大麦是世界上最早被驯化的作物，现在仍然是世界各地的主要谷物。大麦耐低温、干旱等苛刻的环境，在不适合它们生长的土地上也可以种植。

不受其他动物欢迎的禾本科植物

绝大多数植物的种子会储存油脂，而禾本科植物的种子特征是储存淀粉。然而，与同样储存淀粉但水分多的香蕉、薯蓣不同，禾本科植物的种子食用起来不太容易。尽管其种子中的淀粉属于高热量物质，但在自然界中并不受欢迎。虽然很多鸟类喜欢禾本科植物的种子，但爬行动物以及包括猴子在内的哺乳动物都不喜欢。食草动物中的牛和马虽然会吃禾本科植物，但喜欢的并不是种子，而是秸秆（茎和叶），鹿则喜欢吃嫩芽。这样想的话，发现长有这些淀粉颗粒的植物群，应该算是影响人类之后繁荣的大发现吧。

虽然由于气候的不同，栽培植物会存在夏作和冬作的差异，但处于非洲撒哈拉沙漠以南热带稀树草原农耕文化的人们与处于撒哈拉沙漠以北地中海农耕文化的人们是同时与禾本科植物相遇的。由于尼罗河流域的土地肥沃，利用冬作麦类的文化在古埃及文明（属于地中海农耕文化）中得到了很大的发展。接下来，本章将以古埃及文明为中心，介绍史前人类使用大麦这种最早被驯化的禾本科植物的方法。

55 使用劳动力（牲畜和奴隶）大规模地高效种植大麦，奠定了古埃及繁荣的基础。

56（左图） 根据穗的形状，有不同品种的大麦。图中是代表性的二棱大麦，其种子排成两列。

57（右图） 图中是六棱大麦，其种子排成六列。由于空间富裕，二棱大麦的种子要大些，六棱大麦的种子要小些。

第1章 人类诞生之前

第3章 农耕文明时期

第4章 大航海时代之前

第5章 大航海时代与工业革命时期

第6章 工业革命之后

结语 植物与人类的未来

将未利用的能量转化为面包

面包的起源可以追溯到 1.44 万年前的约旦北部。人类也与其他动物一样，并不能直接食用禾本科植物的种子。但人类通过向淀粉中加水，将其加热，制作出了面包。这样，原本未利用到的淀粉可以为人们提供能量了。

随着烘焙文化的广泛传播，古埃及文明中的面包文化（耕种大麦、磨制面粉以及制作面包）也得到了发展。尼罗河流域广阔且肥沃的土地非常适合大规模发展农业，当时的人们应该已经开始有组织地种植大麦了。根据记载，当时分配给从事农业和建筑的劳动者的食物包括面包和液体面包两种。面包是用加入酵母发酵之后的大麦或小麦（很可能是二粒小麦）的面粉烤制而成，而液体面包则是以大麦为原料，用酵母进行酒精发酵的产物，这就是啤酒的前身。

如果采纳道金斯的理论，那么，掌握了淀粉加热方法的人类，可以说是发生了进化。文化这种遗传信息（模因）瞬间便发生了水平传播。也就是说，通过烤面包，现生人类进一步进化，拥有了更有利于生存的表现型，并注定要在地球上繁荣昌盛。

58 金字塔壁画中的葡萄酒。葡萄酒只有王室贵族等身份地位很高的人才可以饮用，而啤酒从普通百姓到劳动者都能饮用。据说当时的啤酒酒精度数较高，可以达到10 度左右。

适合用来酿酒的大麦

在古埃及，除了被称为液体面包的啤酒之外，葡萄酒也已经出现了。金字塔的壁画中就描绘了葡萄种植和葡萄酒酿造的场景。

葡萄酒是通过葡萄果皮中的酵母将果汁中的糖分转变成酒精而酿成的酒。以稻米为原料的日本酒（稻米同大麦一样也产自禾本科植物）在借助酵母发酵酒精之前，需要将淀粉转变成糖。这一过程需要借助微生物——酒曲。啤酒的酿造不使用酒曲，而是借助植物酶进行从淀粉到糖的转化。担任这一转糖反应任务的酶是由刚刚发芽的大麦种子，也就是麦芽提供的。

古埃及人发现将麦芽和煮过大麦的水混合就可以得到甜米酒那样很甜的液体。谷物的种子在发芽生长的过程中会发生化学反应，将储存在其中的淀粉转化成糖以供麦芽生长，这一反应就是麦芽的糖化反应。大麦麦芽中的酶活性非常高，又耐热耐旱，即使把麦芽烘干之后，活性也不会降低。因此麦芽可以干燥储藏，而且在任何需要的时候都能用来进行糖化反应，非常适合直接酿酒。而稻米中的酶仅够将自身储存的淀粉转化成糖，所以在酿酒的过程中需要加入酒曲。

在古埃及，人们在酿造啤酒的同时，好像还酿造了醋。关于古代文明的酿醋技术，虽然很多人都知道 5 000 年前的古巴比伦人就会酿醋，但是在埃及也发现了约 1 万年前的醋瓶。醋实际上是酿酒过程中更进一步发酵的产物。液体面包借助醋酸菌发酵就会变成所谓的麦芽醋。如果是在葡萄酒酿造过程产生的醋就称为葡萄酒醋。掌握了酿醋的技术相当于精通了三种生物化学反应的知识。

59 2世纪前后描绘牧羊人的镶嵌画。地中海农耕文化拥有比牲畜更高效的生产力，传播到欧洲后，促进了欧洲文明的发展。

60 自古以来，东南亚种植的大麦全都是六棱大麦，容易去皮的青稞更受青睐。用于酿造啤酒的二棱大麦是在近代以后才从欧洲引入日本的。

地中海农耕文化中的家畜驯化与谷物

　　大麦等谷物的产量增加后，不仅可以养活更多人口，还可以为家畜提供饲料。在古埃及，人们已经开始饲养牛、山羊、绵羊、驴等家畜。壁画中也有很多对使用家畜进行农业活动的描绘。但那个时候，人们好像还没有开始饲养猪和家禽。

　　家畜不仅作为蛋白质来源供人们食用，还是替代人类的重要劳动力来源。这种对动物的驯化是地中海农耕文化的典型特征之一。埃及虽然位于非洲大陆的东北部，但不仅没有受到热带稀树草原农业的影响，反而在地中海农耕文化的影响下，大规模地投入牲畜进行农业生产。与之形成鲜明对比的是，生活在热带稀树草原的人类，在其粮食生产（杂粮）的发展历史上从来没有使用过家畜，这是其生产力上最根本的弱点。这也是热带稀树草原的杂粮生产模式与地中海周边的麦类生产模式在生产力上存在巨大差异的原因。

　　家畜在很长一段时间里是耕作规模和效率的决定因素。在美洲大陆的拓荒时期，马和牛等家畜也是农业生产力的基石。这是超越时代的关于农业生产结构的普遍情况。即使在现代，人们通过机械化实现了谷物生产效率的突飞猛进，这一观点仍然适用。

小麦：
世界文明的坚强后盾

基本信息

小麦属（*Triticum* L.），禾本科
原产地：欧亚大陆中部（从高加索到美索不达米亚之前的地域）
主要分布地区：世界各地
主要种类：普通小麦（*Triticum aestivum*），禾本科小麦属；硬粒小麦（*Triticum durum*），禾本科小麦属；
圆锥小麦（*Triticum compacta*），禾本科小麦属

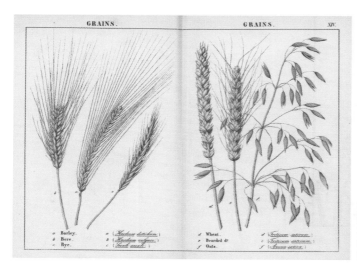

61　19世纪食用作物教科书中的谷物插画。从左向右依次为大麦、大麦贝尔种、黑麦、小麦、麦芒很长的小麦、燕麦。

面食所用的面粉是小麦制成的

第二次世界大战后，以日本关西地区为发源地，在日本全国范围广为流传并固定下来的饮食文化中，就有面食文化。从章鱼烧、御好烧，到乌冬面，炒荞麦面等都可以归入面食。这些食物原材料都是面粉，由小麦磨粉后形成。

人们很少像食用米饭或者麦米饭那样直接食用小麦粒。通常都是将小麦磨成粉之后加工成面包或者面条再食用。这是因为小麦的外皮非常硬，而且难以与胚乳分离。为了简单方便，只能将外皮打碎分离，并把胚乳磨成粉状加以利用。从欧洲到亚洲西部，再到北非这一广阔地域内均以麦类为主食，形成了食用小麦的"粉食文化"。另外，中国具有粉食和粒食相混合的饮食文化特征，但是使用面粉的传统菜肴也很多。13世纪，马可·波罗将面条文化从中国带到意大利，后来发展出意大利面。这一故事已广为流传，可以说是地中海农耕文化中的小麦食谱从亚洲东部输入的典型事例。

人类只集中食用特定植物的饮食文化，虽然有很多好处，但是也有局限，特别是在营养学方面。本书将在后文进行讨论。

62（左图） 公元前 3000 年左右传到欧洲的小麦，在中世纪成为最重要的作物之一。图中是 14 世纪的面包店，当时用小麦做成的面包还是奢侈品。

63（右图） 创作于 19 世纪的画，描绘了意大利人在吃意大利面的场景。

64 小麦通常是指左图中的普通小麦。

65 广义的小麦还包括斯卑尔脱小麦、圆锥小麦、硬粒小麦等小麦属中的种类。此外，意大利面中只使用了硬粒小麦。

第 1 章　人类诞生之前

第 3 章　农耕文明时期

第 4 章　大航海时代之前

第 5 章　大航海时代与工业革命时期

第 6 章　工业革命之后

结语　植物与人类的未来

区别年糕与面条的关键在于是否使用了面粉

如果要列举两种支撑了中国历朝历代饮食文化的植物，那应该非小麦和大豆莫属。食用小麦的文化在 5000 年前就已经传到中国，并形成了独特的饮食文化。比起在炉子里烤的面包，中国人更喜欢蒸的面食。此外，中国人还发明了使用不发酵的小麦粉面糊烤制而成的烧饼，以及有黏性的面团做出造型后煮成的面。

凡是名字当中有"饼"字的菜肴或点心，几乎都使用了面粉。我们所说的"面"，包含了由小麦粉制成的各种食材，不一定都跟面条的形状一样。但跟面条形状一样的食物，如果不是由小麦粉做成的，都不能称之为"面"。日语

中的"饼"严格来讲并不是"饼"，而是用大米粉做成的团子，所以应该属于似"饼"非"饼"的年糕。日语中的乌冬面毫无疑问应该属于"面"，但荞麦面中含的小麦粉很少，实际上不再是"面"了。面包一词中也出现了"面"，按照字面理解应该就是膨胀了的"面"。

面所包含的食物范围很广，意大利面也是其中之一。意大利面有几百个品种，非常多样。马可·波罗从中国带走的并不是现成的面条，而是面条的制作方法。因此，凡是将面粉揉成面团（意大利语为 pasta）制作而成的各种形状的食物都称为意大利面。

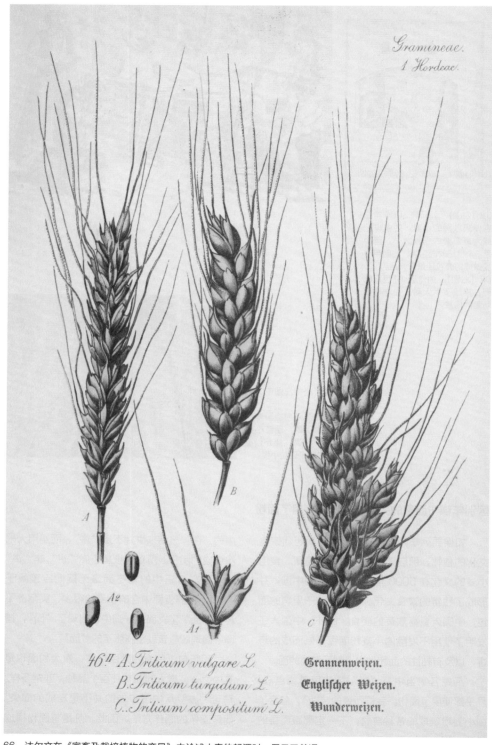

66　达尔文在《家畜及栽培植物的变异》中论述小麦的起源时，展示了普通
小麦（A）、圆锥小麦（B）和硬粒小麦（C）的图片。

第1章 人类诞生之前

第3章 农耕文明时期

第4章 大航海时代之前

第5章 大航海时代与工业革命时期

第6章 工业革命之后

结语 植物与人类的未来

所有的栽培植物都可以追溯到新月沃土吗

小麦被地中海地区兴起的古代文明引入并进行栽培，是历史悠久的代表性栽培植物。关于小麦的起源，近年来仍然有很多信息不确定。瑞士植物学家阿尔丰沙·德堪多（Alphonse Louis Pierre Pyrame de Candolle）在其著作《栽培植物的起源》（Origin of Cultivated Plants）中，探讨并推测了麦类和稻的起源，但最终也没有得出确切的结论。

有观点认为，小麦和大麦起源于底格里斯河和幼发拉底河流域肥沃的新月沃土地区以及下游的美索不达米亚地区。随着这一观点逐渐得到广泛认可，所有栽培植物的起源都得到了统一，这种一元传播模型也开始流行。很多栽培植物其实都起源于肥沃的新月沃土地区。比如，在这一地区的地中海一侧（以色列约旦峡谷）的遗址中出土的 1.1 万年以前的无花果，是世界上最古老的栽培植物之一。

进入 20 世纪后，瓦维洛夫在世界范围内网格式地采集了诸多遗传资源的样本，着手解决所有栽培植物的起源这一重大科学问题，并向世界各地派遣了诸多考察队。虽然也有非洲的尼日尔河流域等未涉足的地区，但这次调查明确了许多栽培植物的起源。在这里，我们沿袭瓦维洛夫的模型，在中尾佐助所提出的"新旧大陆"五大农耕文化的框架之下，去破解人类与植物关系的奥秘。如果将农耕文化定义为"遗传资源（栽培植物）""栽培技术"和"食用知识"，那么，根据地理特性和植物特征可以将其大致划分为热带根栽农耕文化、热带稀树草原农耕文化、地中海农耕文化和美洲大陆农耕文化。再加上温带地区由热带根栽农耕文化派生出来的类型——照叶林农耕文化，一共有五大农耕文化。在五大农耕文化的框架下，以随后出现的谷物和薯类的传播过程为例子，栽培植物与人类之间的历史相关性将变得非常容易理解。

黑麦：
成功取代谷物的次生作物

基本信息

黑麦（*Secale cereale*），禾本科黑麦属
原产地：小亚细亚及高加索周边
主要分布地区：欧洲和亚洲高纬度地区

穇（*Eleusine coracana*），禾本科穇属
原产地：东非的高原地区
主要分布地区：日本、中国、印度等地

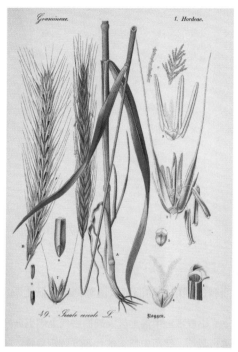

67　黑麦的种植面积突破了小麦栽培的北方极限，使这些地区的粮食生产成为可能。黑麦对于德国以北的欧洲各国是非常重要的谷物。在马铃薯还未传播到这里时，黑麦是最重要的作物。

超越小麦向北扩散的黑麦

小麦栽培在欧洲不断向北方地区扩散，但超过栽培的北方极限后就难以种植。黑麦由于可以在寒冷的土地上生长而脱颖而出。因此，意大利和法国的面包是用小麦做的，而德国和北欧国家的面包则是用黑麦做成的。虽然南欧国家的人们对黑麦面包评价不高，但这是在北欧土地上产生的美味的吃法。

本书中野草指的是自然生长在没有人为干预的植被中的全部草本植物；杂草指的是适应了人类生活环境从而不断增加的全部草本植物；谷物是指人们驯化的全部植物中种子富含淀粉且可以食用的一年生作物。黑麦不属于这三个类别中的任何一个，而属于次生作物。虽然次生作物这个类别名中有"作物"一词，但实际上黑麦是原本为杂草的谷物。黑麦和燕麦，还有谷子、稷、紫穗稗等日本人熟悉的杂粮也都包含在这个类别中。

次生作物的特征是生长在主要谷物之间，并且外观与主要谷物一模一样。次生作物在除草时很容易漏掉，所以人们一度认为它们是品质不佳的植物，但黑麦经过筛选被人们打造成了栽培植物。

69 黑麦（左）和燕麦（右）。

68 1877年由卡米耶·毕沙罗（Camille Pissarro）所绘《田野》，展现了巴黎近郊法兰西岛地区的景色。

70 穆是牛筋草（非洲的杂草）与未知种类的植物杂交产生的野生多倍体植物。穆是热带稀树草原农耕文化足迹的指示植物。日本的水田中曾经也栽培过穆。

杂粮的浪潮

杂粮种植是从热带稀树草原开始的。多数杂粮起源于非洲西部尼日尔河流域及其周边地区。由此看来，杂粮是典型的热带稀树草原农耕文化的作物。栽培并食用这些杂粮作物的文化是在公元前5000—前4000年形成的。杂粮栽培的浪潮经过大约1000年，从起源地向东横穿非洲大陆，到达非洲东部海岸的埃塞俄比亚。

追寻热带稀树草原农耕文化的传播时，在日本作为常见杂草的穆就是其重要的指示植物。凡是热带稀树草原农耕文化浪潮经过的地区，几乎没有例外都可以找到穆。在撒哈拉沙漠以南地区、埃塞俄比亚、印度、东南亚各国、中国、日本都有发现。

有趣的是，虽然杂粮类植物的驯化都进行了传播，但食用方法并没有原样传播，反而具有地域性。从非洲到印度是粉食文化圈，就像用小麦粉制作面包那样，那里的人们会将杂粮先磨成粉然后再烹饪，并不会直接食用粒状的种子。亚洲东部国家是粒食文化圈，大多情况下都是用杵臼将谷子和紫穗稗等杂粮去皮，然后直接食用。这些差异至今仍在这些地区作为色彩浓郁的文化模因保留着。

第1章 人类诞生之前

第2章

第3章 农耕文明时期

第4章 大航海时代之前

第5章 大航海时代与工业革命时期

第6章 工业革命之后

结语 植物与人类的未来

Gramineae.
(Oryzae.)

Oryza sativa L. Reis

F. Kirchner sc.

71　稻。

稻：
让亚洲摆脱饥饿的作物

第1章 人类诞生之前

第2章 容器·酿酒时期

第3章 农耕文明时期

第4章 大航海时代之前

第5章 大航海时代与工业革命时期

第6章 工业革命之后

结语 植物与人类的未来

稻是世界三大谷物之一，目前亚洲是其生产和食用中心。也就是说，大米在亚洲每个家庭的消费中占比都非常高。因此，这种谷物是几十亿人赖以生存的作物。稻起源于热带稀树草原农耕文化，与其他很多禾本科杂草和杂粮一样。更准确地说，它们都是曾经自然生长在热带稀树草原周边湿地的杂草。这种支撑了亚洲人口的主要作物，究竟是在何处以何种方式被驯化的，又是如何传播的呢？人类在传播中做了哪些努力呢？接下来，我们从植物学和历史两个角度进行探讨。

以日本群岛为例，
观察谷物和杂粮类的栽培

长久以来，生活在日本群岛上的人们的粮食供给不只稻。在稻、麦、黍、稷、菽（豆类的总称）这五谷的基础上，再加上紫穗稗，这些植物是什么时候传到日本群岛的呢？虽然我们难以确定准确的时间，但很容易找到相关的考古学资料。考古学家们在日本佐贺县唐津市的菜田遗址发现了绳纹时代后期的水田遗迹以及碳化了的大米。据此推测，在 2 600 ～ 3 000 年前，人们已经在栽培稻了。小麦是从弥生时代开始，大麦是从绳纹时代或者弥生时代开始栽培的。

豆类（大豆、赤豆）和麦类分别来自照叶林农耕文化和地中海农耕文化的作物，而粟（狗尾草属）、稷（黍属）与稻一样，都是发现于热带稀树草原农耕文化中的禾本科杂粮植物，所以它们很可能与稻同一时期（绳纹时代后期）或者更早开始在日本群岛栽培。一般认为粟原产于从亚洲中部到印度西北部的地区，而稷广泛栽培于欧亚大陆。混在杂粮作物中传播且既是杂草又是杂粮的植物中包括热带稀树草原农耕文化的指示植物稗子。

薏米是在热带地区被精心栽培并且可以结出种子的作物（谷物）。其原产于中国到中南半岛这一广阔区域。薏米的外观与在日本的河漫滩以及野地里看到的薏苡非常相似。但其实薏苡是杂草。薏苡与产生于热带地区的根栽农耕文化的传播联系在一起，在根栽农耕文化传播所经过的地区，几乎都生长着薏苡。根据中尾佐助的观点，在美洲大陆被欧洲人发现之前就已经传播到日本群岛的谷物，除薏米之外全都属于热带稀树草原农耕文化或地中海农耕文化衍生出的麦类。

野生稻:
曾经是顽固过头的杂草

基本信息

光稃稻(*Oryza glaberrima*),禾本科稻属
原产地:非洲西部
主要分布地区:非洲西部

野生稻(*Oryza rufipogon*),禾本科稻属
原产地:从印度西部到印度尼西亚岛之间的广阔地区
主要分布地区:亚洲以及北美

稻(*Oryza sativa* L.),禾本科稻属
原产地:中国长江流域
主要分布地区:世界各地

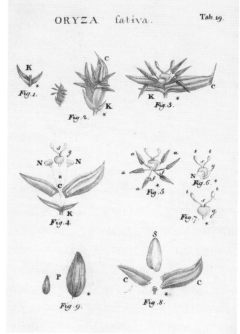

72　与生长在干燥土地的麦相反,稻是湿地中的杂草。禾本科稻属的 23 个种当中,只有两种是栽培种。稻主要在亚洲地区栽培,在世界三大谷物中占据重要位置。

稻的另外一个起源——非洲热带稀树草原

近些年,很多关注"物种快速演化"的人员开始研究植物的驯化,以及植物与对农业有害的杂草之间的生存竞争。当某种植物作为有用的作物被栽培时,品质和产量较差但由于亲缘关系较近而长得非常相似的植物,就会以杂草的形式混入并逐渐适应农田的环境,于是便开始了作物与杂草之间的种间竞争。对于人们来说,这是导致作物产量和价格下降的严峻问题。但如果追根溯源的话,作为作物栽培的植物原本也是出现在人类生活环境周边的杂草。稻也是从其他很多禾本科杂草中筛选出来的作物。

稻似乎是在热带稀树草原农耕文化的影响下被驯化的,因为在几乎所有种植稻的地区,都有热带稀树草原农耕文化传播的指示植物穄子生长。被认为是穄子的原始野生种发现于非洲西海岸的尼日尔河流域。而稻的原始野生种之一,也就是作为湿地杂草的光稃稻(非洲稻),同样是在尼日尔河流域撒哈拉沙漠以南地区发现的。在非洲,人们将其作为杂粮食用,也就是说在尼日尔河流域 2 000 ~ 4 000 年前已经开始种植大米。虽然与传到亚洲的稻并不是相关联的支系,但在非洲的热带稀树草原中也存在稻的起源。

(b)

(a)

73 （a）是野生稻的种子。（b）是野生稻成熟后的样子。与培育的稻相比，野生稻的产量较少。

74 非洲稻就是现在在非洲西部（尼日尔河流域）种植的稻。实现驯化之前的原始野生种巴蒂稻与稻的演化途径不同。

第1章
人类诞生之前

第3章
农耕文明时期

第4章
大航海时代之前

第5章
大航海时代与工业革命时期

第6章
工业革命之后

结语
植物与人类的未来

从水田杂草到盘中大米

世界上大部分地区食用的大米主要源自亚洲稻。自 20 世纪瓦维洛夫考察以来，探寻稻的起源是各种研究人员一直致力于解决的问题。通过研究，我们最终发现，亚洲稻就起源于印度西部的湿地。

在稻作农业中，有很多种间竞争的水田杂草。在美国，某种原产于亚洲的禾本科植物被列入了"入侵性有害杂草"名单。这种禾本科植物就是一种水田杂草，被称为野生稻，其种子呈棕红色，在水田中极易散播，每一季都会混在稻子中间生长，造成收获的大米价格下跌。由于与稻子是亲缘关系非常近的种，不能使用除草剂，所以去除起来非常困难。不仅在美国，在东南亚各国以及韩国，这一情况也变得越来越严峻。

另一方面，中国遗传学家高立志认为，野生稻是农业上极为重要却面临严重灭绝危机的稻子物种。因为稻的驯化过程会伴随着遗传多样性的减少和很多优异基因的丢失，所以对于野生稻的保护性研究也很重要。

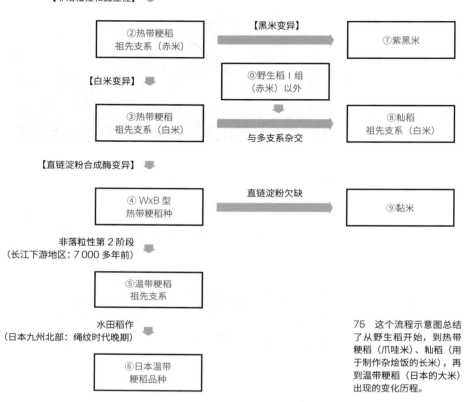

①野生稻Ⅲa组
（赤米）

【非落粒性和直立性】

②热带粳稻
祖先支系（赤米）

【黑米变异】　⑦紫黑米

【白米变异】

⓪野生稻Ⅰ组
（赤米）以外

③热带粳稻
祖先支系（白米）

⑧籼稻
祖先支系（白米）

与多支系杂交

【直链淀粉合成酶变异】

④WxB型
热带粳稻种

直链淀粉欠缺　⑨黏米

非落粒性第2阶段
（长江下游地区：7 000多年前）

⑤温带粳稻
祖先支系

水田稻作
（日本九州北部：绳纹时代晚期）

⑥日本温带
粳稻品种

75　这个流程示意图总结了从野生稻开始，到热带粳稻（爪哇米）、籼稻（用于制作杂烩饭的长米），再到温带粳稻（日本的大米）出现的变化历程。

基因组分析中逐渐显现的稻作起源

如今全世界种植的亚洲稻可以分为粳稻型和籼稻型。前者的种子圆且短，后者的种子又细又长。实际上全世界消费的大米90%都是籼稻大米，而日本饮食中不可或缺的粳稻大米只能算是少数派。粳稻大米根据分布以及特征的不同，可以分为热带型和温带型。大米的差异除了粒形的不同之外，还有糯不糯的差异、颜色的差异，比如以"古代米"为名风靡日本的赤米。

考古研究查明了稻品种的差异究竟是按照何种顺序产生的，虽然研究会有局限性，但是生物发生变化的过程应该都刻在了DNA中。日本有研究团队在2012年的《自然》杂志上发表的论文中，比较了1 083个品种的亚洲稻和亚洲产的446个支系的野生稻的全基因组序列，结果发现热带粳稻来源于野生稻，而热带粳稻中的一部分支系经过筛选成为温带粳稻。日本东京大学的伊泽毅结合自己的研究成果发表了通俗易懂的综述，从基因变异的角度分析总结了栽培稻的起源，并基于这些研究绘制了流程示意图，对野生稻演变成现在不同品种稻的关键步骤进行了总结。

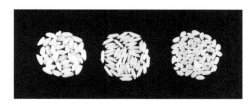

76 亚洲稻种子（胚乳）粒形的差异。从左向右依次为热带粳稻、籼稻和温带粳稻。粳稻的粒形圆且短，而籼稻的粒形细且长。

77 中国明朝人在水田中劳动的场景（绘于 1696 年）。7 000多年前的中国长江下游地区诞生了热带粳稻以及可以在更高纬度生长繁育的温带粳稻。

第1章 人类诞生之前

第2章 农耕文明之前

第3章 农耕文明时期

第4章 大航海时代之前

第5章 大航海时代与工业革命时期

第6章 工业革命之后

结语 植物与人类的未来

日本粳稻品种的形成

在亚洲，野生稻最早被栽培的时候，非落粒性的植株（种子在收获前不会掉落）和直立性强的植株（茎叶不会倒伏）会被选中，并在基因中有所表现，即图 75 中①→②的历程。这就是热带粳稻大米最初的诞生，在此之前其与野生稻均为赤米。赤米向白米变异的过程，实际上是由控制基因活动的上游基因（一种叫转录因子的蛋白质）来指挥的，并会被记录在基因组中，即图 75 中②→③的历程。

虽然大米的黏性是由淀粉的构造所决定的，但如果要增加黏性口感，需要基因发生变化（Wx 基因从 WxA 等位基因变为 WxB 等位基因）。这一支系经过更进一步的基因突变，非落粒性变得更强。这些变化发生在大约7 000多年前的中国长江下游地区，即图 75 中③→④→⑤的历程。因为这一支系的种子难以脱落，所以和秸秆一起收获后，要么使用木齿耙进行脱粒，要么将穗收割集中起来使用杵臼进行脱粒。公元前 10 世纪左右，与水田稻作技术一起传到日本的，还有温带粳稻。直到现在，日本的水稻品种都保持了温带粳稻的特征，即图 75 的⑤→⑥的历程。

让我们看一下从主线分岔的三条路线。原始的热带粳稻大米发生"黑米化"，原因是与色素合成相关的基因发生了突变，即图 75 的②→⑦的历程。热带粳稻的祖先支系与其他支系反复杂交，驯化的籼稻也表现出白米化等性状，即图 75 的③→⑧的历程。于是，热带粳稻米先从野生稻发生变异，然后籼稻开始出现。日本的年糕以及英国的米布丁中使用的黏性很强的大米，是由直链淀粉合成相关的基因功能丧失的稻种产生的，其淀粉中完全不含直链淀粉，只含有分支很多的支链淀粉，所以黏性很强，即图 75 中④→⑨的历程。

旱稻、水稻和荞麦：
古代科学技术的传播

基本信息

粳稻（*Oryza sativa* subsp. *japonica*），禾本科稻属

原产地：中国长江下游地区

主要分布地区：中国、日本、朝鲜半岛

78　起源于杂草的稻拥有各种各样的变异种。1844年出版的日本岩崎灌园创作于日本江户时代（1603—1868 年）的《本草图谱》中，就记载了多个品种。

从旱稻到水稻

中国长江下游地区的河姆渡遗址出土了 120 吨大约 7 000 年前碳化的储备大米（稻谷和秸秆）。虽然主要是热带粳稻，但一般认为这一时期在长江下游地区已经出现了温带粳稻。日本冈山县朝寝鼻贝丘遗址出土了大约 6 400 年前的稻的植物硅酸体。绳纹时代中期生长在日本的稻子全都是作为旱稻种植的热带粳稻。

在日本九州北部，保留了很多与水田稻作相关的建筑，同时也是温带粳稻存在的证据。日本最古老的水田稻作遗迹是日本佐贺县的菜田遗址。从该遗址中发掘出了能够证明大规模水田存在的水渠、堤坝、取排水沟、木桩以及由板桩组成的田埂，还出土了石刀等农具和碳化的大米。植物硅酸体分析和孢粉分析的结果证明了稻的栽培开始于特定的地层。1 800 ～ 2 200 年前的日本福冈县立屋敷遗址中也发掘出了能够证明稻作的农具石刀等器物，还发现了橡子（赤皮青冈）的储藏洞，这说明即使在水田稻作开始之后，人们仍然食用坚果类食物。水田稻作在 2 100 年前传播到了日本青森县。水田稻作引入日本后的很长一段时期内，作为旱稻的热带型粳稻和作为水稻的温带型粳稻一直共存。

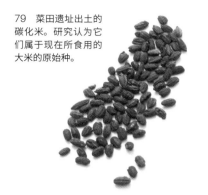

79 菜田遗址出土的碳化米。研究认为它们属于现在所食用的大米的原始种。

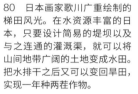

80 日本画家歌川广重绘制的梯田风光。在水资源丰富的日本，只要设计简易的堤坝以及与之连通的灌溉渠，就可以将山间地带广阔的土地变成水田。把水排干之后又可以变回旱田，实现一年种两茬作物。

第1章 人类诞生之前

第3章 农耕文明时期

第4章 大航海时代之前

第5章 大航海时代与工业革命时期

第6章 工业革命之后

结语 植物与人类的未来

水田的发明：把曲面变成水平面

稻喜欢湿地，亚洲很多有湿地分布的地区都在发展稻作农业。其中有些地方甚至可以在水深几米的地方种植漂浮在水面上的浮稻。在水稻栽培的传播过程中，受到栽培地的湿地启发，人们创造了人工湿地，也就是水田。下面的内容可能听起来与稻作的传播无关，但请允许我介绍一下法国的物理学家奥古斯丁·琼·弗雷内尔（Augustin Jean Fresnel）发明的平面透镜。这种透镜是 19 世纪光学领域的代表性发明之一，也是 21 世纪超精密纳米加工领域利用半导体发光元件时不可或缺的重要技术。弗雷内尔的透镜乍一看像是平面的板，但它不仅具有凸透镜的功能，还节省了曲面空间。通常的凸透镜表面从薄到厚呈舒缓的曲面。然而，弗雷内尔把凸透镜分割成细密的同心圆状的区间，把原本的曲面用区间内的细微倾斜来代替，于是做成了切面呈锯齿状的平面透镜。

上文对光学中应用的几何学加工技术进行说明是有原因的。从本质上讲，古代人创造出了与弗雷内尔的透镜性质相同的技术。发明了水田稻作的古代人将丘陵地区按照等高线区间进行细密分割，山丘原本的曲面根据不同的区间改造成紧密相邻的水平湿地，最终成为具有阶梯状横截面的人工湿地。也就是说，古代人将弗雷内尔所进行的"将分割后的曲面安置到水平面上"这种几何学处理进行了逆处理，即"将分割后的水平面安置到曲面上"，从而将原本只分布于地势较低的平原湿地的稻扩展到了丘陵地区。这就是梯田的发明。通过这样逆重力将水贮存到丘陵上的"弗雷内尔式堤坝分割施工法"，水稻才得以大范围地在土地上进行有计划的耕作。

现在，人工建造的面积广阔的湿地，已经成为众多水鸟的栖息地。根据管理和保护湿地的《拉姆萨尔湿地公约》，人工湿地已被登记为湿地生态系统，并成为保护对象。由于人工湿地的发明，水鸟的生活范围扩大了。实际上，人工复原湿地还需要数学、测量学和土木工程学方面的知识。稻作的传播不仅局限于植物种子的利用，还包括农耕相关的科学技术的传播。古代人科学技术的精湛程度，无论什么时候都会让今天的人感到吃惊。

荞麦起源于
西伯利亚还是中国

据了解，还没有其他的谷物能像荞麦那样拥有如此多痴迷的粉丝。
关于荞麦起源地的争论停歇了很久，
最终能够尘埃落定得益于研究人员所做的调查。

日本有很多荞麦爱好者。荞麦（*Fagopyrum esculentum*）经常作为文学和哲学中的题材出现在日本文化生活中。其实不只是日本，荞麦在整个欧亚大陆都有作为重要的食材的历史。特别是在俄罗斯和法国，即使是现在，人们日常也在食用由荞麦粉做成的菜肴。荞麦无论是在山地还是荒地都可以种植，在历史上的很多地区，荞麦都曾被当作赈灾粮。如今荞麦已经从一些地区的饮食中消失了。在中国，荞麦曾是日常食用的谷物之一，但现在不常食用了。

SARASHINA 与 SARACEN

不同的地方偶尔会用发音相似的词汇称呼相同的事物。寻找这样的例子是一件非常有乐趣的事情。日本和欧洲对荞麦的称呼就是其中一个例子。日本更级是日本的荞麦产地之一，那里产的荞麦有时被称为"更级荞麦"。磨成粉的荞麦在法语中被称为 farina de sarrasin 或者 sarrasin，在意大利语中被称为 farina di grano saraceno，在日语中被称为 sarashina。比较一下就会发现，它们的发音非常相似。追根溯源的话，在东罗马帝国时代，希腊语将之称为 saracenosu。很明显，荞麦传播到欧洲时，与占领阿拉伯半岛并建立了强大帝国的伊朗裔撒拉逊人（Saracen）有关。根据阿尔丰沙·德堪多所著《栽培植物的起源》中的记载，该名称可能来自撒拉逊人建立的国家，也可能是由荞麦的颜色类比产生的，但都不确切。

荞麦：经过 100 多年才确定其起源地

德堪多的上述著作中介绍了荞麦"在中国东北地区、阿穆尔河流域、达斡里亚地区以及贝加尔湖周边"自然生长的情况。书中还提到中国以及印度北部的山间地带也有发现。

紧接着，书中否定了这些地区作为原产地的可能，肯定了荞麦的原产地在从中国东北地区到西伯利亚的广阔地区。在这之后，一直没有提出确切的荞麦起源地的观点。

1992 年日本京都大学的团队在中国云南省永胜县五郎河发电站附近的高地上发现了荞麦原始野生种的植物群落。通过实验分析，该团队发表多篇论文介绍了荞麦的野生原始种（*Fagopyrum esculentum* ssp. *Ancestrale Ohnishi*）的发现和该植物的特征。从此，荞麦的原产地不再是中国东北地区，不再是西伯利亚，也不再是印度，而基本可以确定是中国西南的三江地区。

81 荞麦是蓼科荞麦属的一年生草本植物。虽说在贫瘠的土地上也可以种植，但与其他谷物相比产量也少。在日本高知县的田村遗址（绳纹时代后期到弥生时代）中发现了荞麦的花粉，说明日本在弥生时代就已经栽培荞麦了。

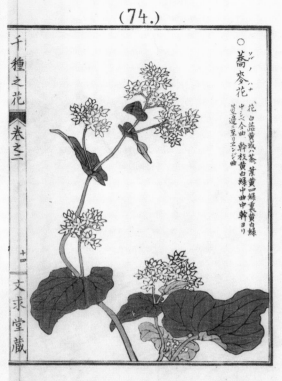

82 荞麦有各种各样的食用方法。在日本，荞麦的吃法要么是荞麦面，要么是烫荞麦面糕。在法国，荞麦被做成像皱纹纸一样的煎饼。俄罗斯和东欧国家则把干炒过的荞麦粒煮熟后配上牛奶、砂糖或蜂蜜等食用。

Revue Horticole.

A. Lefèvre pinx.   Imp. Zanote rue des Boulangers, 13, Paris.

Dioscorea Decaisneana.

83 薯蓣。

"新旧大陆"的草木：
为人类提供大块淀粉

热带地区，尤其是东南亚兴起的农耕文化是根栽农耕文化。也许最早利用栽培植物的先人们成功栽培了与山药相似的薯蓣或者芋头等广义上的薯类。虽然中尾佐助将这一世界最古老的农耕文化命名为根栽农耕文化，但其实称之为"营养繁殖农耕文化"更合适。这种农耕文化中的主要作物均不使用种子，而是通过营养繁殖的方式繁衍。另外，该农耕文化的另一个特征就是以难以储存的生淀粉和糖为主食的饮食习惯。

薯是植物的储能器官，也是生长在土壤中的生淀粉块。这样说来，薯蓣和芋头还真是像模像样的薯。但是其中也有像黄独那样不在土壤中生长的种类，称之为"在空中结出的薯"更为准确。这些薯类的通病就是由于水分多而难以运输和保存。因此，每次只能根据需求挖出或摘取适当的量。从这一点来看，香蕉可是一整年都可以收获的淀粉块。热带地区再加上甘蔗，一整年都不会缺能量来源。

世界重要的薯类产生于"美洲大陆"

在大航海时代以前，美洲大陆（"新大陆"）

和欧亚大陆（"旧大陆"）基本上是互相隔离的。在互不影响的两个世界兴起的农耕文化中居然产生了性质相似的作物。不得不说，这是一件非常有趣的事情。其中，与东南亚兴起的根栽农耕文化最为相近的，应该是同属热带地区的南美洲北部的农耕文化，该文化发源于加勒比海对岸的热带稀树草原，主要种植木薯。不用说，木薯也是生淀粉块。

在南北狭长又涵盖高海拔地区的南北美大陆，也兴起了与欧亚大陆和非洲大陆的热带、温带、寒带气候相对应的农耕文化。这些文化中也分别产生了改变农业的代表性的栽培植物。欧洲人把"新世界"分为南北美洲和大洋洲，这是大航海时代后的西方观点。从农耕文化的角度来看，大洋洲应该包含在以东南亚为中心兴起的根栽农耕文化中。但需要注意的是，大洋洲的岛屿地区充当了连接南美洲植被与亚洲植被的桥梁。虽然不是规模宏大的"桥梁"，但其作用也不容忽视。关于这一点，后文会详细介绍。

薯蓣、芋头和香蕉：
来自欧洲人向往的热带乐园

基本信息 —————————————————

薯蓣属（*Dioscorea* L.），薯蓣科
原产地：热带亚洲、中国
主要分布地区：非洲、亚洲、拉丁美洲、西印度群岛等地区

芋头（*Colocasia esculenta*），天南星科芋属
原产地／主要分布地区：世界各地的温暖地区

香蕉（*Musa* spp.），芭蕉科芭蕉属
原产地：东南亚、南亚
主要分布地区：热带到亚热带地区

其他登场的植物：面包树（*Artocarpus altilis*），桑科波罗
蜜属；甘蔗（*Saccharum officinarum*），禾本科甘蔗属

84 亚洲、大洋洲和非洲的热带雨林地区种植了很多芋头品种，很多地区将其作为主食。有些芋头的品种还被引入照叶林农耕文化中。

面包从天而降的生活

汤加等南太平洋岛屿上的传统家庭菜园中，一年四季都可以收获丰富的瓜果蔬菜。人们在住宅周围种上香蕉、灯笼果、芋头、椰子、番木瓜、番薯、面包树等，一整年的食材都不用发愁了。在南太平洋的某个岛屿上，如果在院子里种上 20 棵左右的面包树，一年中有一半的时间会"从天上掉下来面包"，根本不用为食物发愁。热带雨林中这样的情景可能一直重复了几千年。被大自然包围着的热带生活，就是这样安逸舒适。

面包树就像它的名字那样，能结出与面包口感差不多的淀粉块。"可以结出面包的树"这种说法还是很有神秘感的吧。大航海时代就有向往面包树而乘船远航的故事。著名的库克船长在 1778 年派出布莱船长，让他带领邦蒂号航行，出航任务是从塔希提岛带回面包树的果实，但由于布莱船长声望不够，在航行过程中招致船员叛乱，被扔到救生艇上放逐了。此后，有的船员自作主张在南方的小岛定居了，有的船员因为叛乱被逮捕了，原来的货物也被替换了，船也损毁严重。总之，问题接连不断。最终，面包树也没能成功被送到英国。

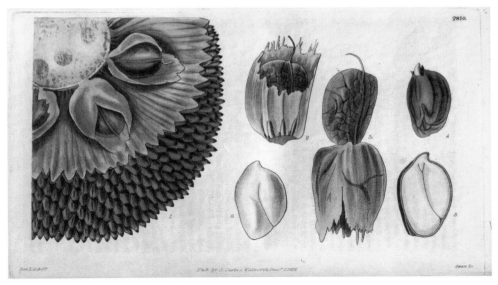

85 面包树的果实加热烹饪后有面包一样的味道和口感，因此得名。除了蒸、烤等烹饪方法之外，还可以用叶子把果肉包起来然后埋到土里发酵后食用。

知识进阶

热带不用播种的农业形态

在东南亚的传统农业中，几乎没有使用种子播种的情况。这里生长了很多不结种子的多倍体植物，比如香蕉和面包树。香蕉基本上是三倍体和四倍体，面包树是三倍体。三倍体的植物基本上不会结种子，因此不可能进行有性繁殖，只要人们不种植就不可能繁衍。虽然不知道史前人类对遗传学知识的了解有多深，但是东南亚的人们只选择利于栽培的无种作物，因此上述的传统农业得以发展。此外，香蕉同类的基因组在演化过程中发生过多次倍增事件，形成了物种，这种情况与育种过程中人为控制基因组倍增是不同的。

薯蓣和芋头都有多种可食用的种类

在薯蓣的栽培种中有喜好热带的参薯（*Dioscorea alata*）和喜好温带的山药（*Dioscorea polystachya*）等种类。它们原产于亚洲，现在广泛种植于非洲、亚洲、拉丁美洲以及西印度群岛等地的热带地区，通常作为主食或根菜食用。在栽培植物中，薯蓣非同寻常，同属中的很多种类都可以食用。在中尾佐助曾经停留过的某个小岛上，据说仅岛内就种植了超过 200 种薯蓣。东南亚的薯蓣中有味苦和毒性很强的种类。虽然通常情况下人们并不会食用，但在食物欠缺的时节也会食用这些毒

薯。此外，日本薯蓣（*Dioscorea japonica*）是原产于日本的种类。

芋头也是古老的栽培植物，广泛种植于亚洲热带地区、大洋洲岛屿、非洲热带雨林地区，以及其他温暖地区。芋头也有很多种类，一些主要的栽培种传播到了日本，包括野芋（*Colocasia antiquorum*）所属的天南星科芋属，还有海芋属、犁头尖属和落檐属。几乎所有栽培的芋头都是埋在地下的可食用的薯，但有些个别种类的茎也可以食用。当然，也有薯和茎都不能食用的种类。这些栽培种都有药用的历史。

86　香蕉的原始野生种。

87　20 世纪初，植物猎人在巴西所见到的郁郁葱葱的香蕉森林。据此推测，原产于亚洲热带地区的香蕉能够适应美洲大陆热带地区的环境并繁衍生息。

香蕉的原始野生种长满了种子

　　香蕉像是体形巨大的草，可以结出像薯一样的淀粉块，自古以来就是驯化的作物。有一种说法认为，香蕉有 9 000 年的栽培历史，但缺乏考古学的佐证。主要原因在于，与北欧的泥灰岩和沙漠那样干燥的土地下的地层不同，在生物量的生产和分解总处于活跃状态的热带雨林中，难以发现过去几千年植物驯化历史的考古学证据。

　　香蕉的品种很多，除了作为水果生吃的种类，用于烹饪的种类在生产量和消费量上也非常大。马来半岛的香蕉原始野生种小果野蕉（*Musa acuminata*）的果实中长满了坚硬的种子，不能食用。虽然对于栽培植物的人们来说，

这并不是理想的特征，但吃了这种果实的动物可以将种子散播到各个地方，所以对于植物来说是一种非常高效的繁殖策略。

　　香蕉驯化的历史，实际上就是将长满种子的野生种改良为结出没有种子的果实的品种这一过程的历史。新几内亚历史上栽培的香蕉，很多种类不需要授粉也可以结出果实，被称为"单性结实"。也许是生活在热带地区的先人，偶然间在野生香蕉中发现了雌花不需要授粉也可以结出果实的变异植株，才进行培育的吧。有的观点认为，这是通过分株等方式进行栽培的最古老的农业例子之一。

88 小果野蕉和野蕉的杂交种（*Musa × paradisiaca*）现在栽培的香蕉中多数都是这个杂交品种的三倍体。

第1章
人类诞生之前

第2章

第3章
农耕文明时期

第4章
大航海时代之前

第5章
大航海时代与工业革命时期

第6章
工业革命之后

结语
植物与人类的未来

向美洲大陆进军的香蕉

　　来自原产于东南亚和南亚的两种原始野生种的香蕉，现已成为全世界的代表性热带水果。香蕉的传播以马来半岛为起点，主要有以下几条途径：一是经由菲律宾向新几内亚传播；二是向爪哇岛、婆罗洲和苏门答腊扩散；三是向孟加拉地区传播；四是经由印度洋的海路向印度，进而向非洲传播。在传播的过程中，野蕉（*Musa balbisiana*）也加入进来并与香蕉进行了种间杂交。虽然主流观点认为香蕉到达美洲大陆的时间是在哥伦布发现美洲大陆之后，但是也有观点认为，在此之前通过南太平洋路线，用于烹饪的香

蕉已经传播开来。

　　有意思的是，在香蕉的传播路径上，经常会发现薯蓣。或许薯蓣也是以马来半岛为起点，并以相同的路线传播的。芋头的传播路径并不是以马来半岛为起点，而是在更靠西的地区。由于气候的差异，香蕉并没有传至照叶林农耕文化地区，但薯蓣和芋头的同类都到达了这些地方。

　　还有一种承担热带地区糖分来源的作物。作为典型的栽培作物，甘蔗原本是榨汁食用的。甘蔗汁中除了糖分之外，还含有丰富的蛋白质和维生素，从史前时期开始便是重要的营养来源。

木薯、马铃薯等：
来自美洲大陆的馈赠

//

基本信息

木薯（*Manihot esculenta*），大戟科木薯属
原产地：从巴西南部到巴拉圭的热带稀树草原

马铃薯（*Solanum tuberosum* L.），茄科茄属
原产地：安第斯山脉

89　原产于热带稀树草原的"结薯的树"木薯。木薯非常耐干旱和高温，在非洲和亚洲原本不适合耕种的荒地中也可以种植，因此传播速度很快。

成为世界作物的热带、温带和高原的薯类

在北美洲、中美洲和南美洲的不同气候带都有人类居住。无论是在热带稀树草原、温暖的平原，还是安第斯山脉周边气温低且氧气稀薄的高原，在历史上都形成过人口相当的聚落和城市。无论在什么地方，如果没有高产作物的眷顾，这都不可能发生。在中美洲和南美洲，木薯生长在热带地区，番薯生长在温带地区，马铃薯生长在寒冷的高原，这些高产的薯类分别在各自所适应的环境中长期被人们种植。现在这三种薯类已经可以在世界各地种植，产量超过了欧亚大陆种植的薯类，占据了全世界前3位。这一方面反映了在欧亚大陆那些已经荒废

了的、贫瘠的或者条件过于严苛的土地上，原有的作物无法生长，这些薯类却可以发挥特长，以更高的生产率代替了原有的作物；另一方面反映了原本不适合耕作的土地，经过人们的改造，变成了产出丰厚的耕地。

值得一提的是，英文中的 potato 指的是马铃薯，番薯则称为 sweet potato，以示区分。但 potato 原本的意思是从南美洲的番薯这个词中派生出来的。经历了大航海时代，英国人发现了薯类的新种类，也开始使用秘鲁人指代植物的块茎和块根的词 batata，但不知道经过多少次以讹传讹，变成了现在的 potato。

Fig. 152. — Racine de Manihot.

90（上图） 在东南亚，人们原本食用的西米，近几十年被以木薯为原料制成的"粉圆"代替。20世纪80年代中国台湾首创的用"粉圆"制成的珍珠奶茶很受欢迎，人们对木薯淀粉的认知度也因此而高涨。

91（左图） 木薯花。

92 喜马拉雅山脉热带、温带以及高海拔的寒带的生物群系。美洲大陆和欧亚大陆的生物群系非常相似，发源于美洲大陆的热带薯类、温带薯类和高原薯类在欧亚大陆也有种植。

在所有的作物中单位面积产量第一的木薯

适应了中美洲和南美洲的热带稀树草原环境的薯类非木薯莫属。近年来，作为木薯淀粉原料的木薯在日本国内的认知度越来越高，在中美洲和南美洲是仅次于玉米的主食，一直都是不可或缺的作物。木薯大致分为可以生吃的品种（毒性弱且有甜味）和制造淀粉所用的品种（毒性强且有苦味）。为了能够食用苦味重的品种，必须想办法去除毒素。由于这种毒素是氰苷类化合物，所以用清水冲洗是去除毒素最有效的方法。当地通常是将木薯磨碎后挤干水分，加水后再次挤干水分以去除毒素。

木薯是灌木性薯类。虽然是灌木，但在地下可以形成多个储存淀粉的块根。木薯也像很多热带地区的栽培种一样，不是靠种子而是靠营养生殖的方式繁衍，一般是通过扦插的方式进行栽培。如果用所含热量作为衡量标准，木薯的单位面积所含热量比任何作物都要高。现在木薯在南美洲、亚洲与非洲的种植面积的比例为1：1：2。与原产地南美洲相比，其他地区的产量占绝大多数。

第1章 人类诞生之前
第2章 农耕文明之前
第3章 农耕文明时期
第4章 大航海时代之前
第5章 大航海时代与工业革命时期
第6章 工业革命之后
结语 植物与人类的未来

Plate 18

Publish'd by S.Curtis Florist Walworth June 30.

93　一般认为，马铃薯起源于秘鲁南部的的喀喀湖畔，此地海拔超过 3 800 米。正因为
适宜在高原、寒冷地区种植，马铃薯的栽培大幅增加了全世界的耕地面积。

ATTACK ON A POTATOE STORE.

94 爱尔兰马铃薯大饥荒时期的场景。由于马铃薯歉收，农民丢弃土地，导致爱尔兰岛内的农业"崩盘"，并成为人口流失的导火索。虽然已经过去了 170 多年，岛内人口仍然没有恢复到饥荒发生之前的水平。

作为赈灾粮的马铃薯和饥荒

马铃薯可以开出紫色的惹人喜爱的花朵，法国王后玛丽·安托瓦妮特（Marie Antoinette）曾将马铃薯花用作帽子的装饰。虽然开花，但是马铃薯并不依靠种子繁殖，而是将部分块根作为种薯种到田里。由于马铃薯原产于安第斯山脉的高海拔地区，适应了寒冷的气候，将其带回欧洲的西班牙人没有发现其用武之地，反而位于高纬度地区的德国（当时的普鲁士地区）和法国识别出其重要作用。然而，马铃薯向欧洲的传播花了一个世纪左右的时间。普鲁士和法国鼓励种植马铃薯，随后欧洲各国将其作为赈灾粮。马铃薯应该是在 16 世纪末从荷兰传入日本，并从日本江户时代后期到明治时代，在北海道进行了推广。在那期间，人们将其与番薯一起进行培育和品种改良，以用作饥荒时的急救粮。

马铃薯在为所在地区的贫困阶层提供粮食方面起到了非常重要的作用，但它也造成过严重的饥荒。特别是 1845—1849 年，爱尔兰马铃薯严重歉收导致了大规模饥荒，650 万人口中有 100 万人饿死。最近的科学研究表明，世界范围内确认的马铃薯致病疫霉，全部是源自爱尔兰马铃薯大饥荒的病原菌的单克隆。

虽然自然生长的植物通常暴露于多种外敌的威胁中，但是在栽培植物中，植物与特定的病原微生物进行战斗的情况很多。而且病原微生物通常具有仅在栽培植物的环境中才爆发的性质。不得不承认，这样的病原微生物，也是经由人类在栽培植物传播的同时扩散到全世界的。导致饥荒的相关植物疾病会在后文深入讲解。

番薯:
在史前就漂洋过海的植物

基本信息

番薯（*Ipomoea batatas*），旋花科番薯属
原产地：中美洲，原始野生种三浅裂野牵牛（*I. trifida*）
原产于墨西哥

95 番薯通常与固氮细菌共生，所以在沙地或贫瘠的土地上也可以茁壮生长。所以番薯与豆科植物一样，也是可以将土地变得肥沃的作物。

文化人类学追寻传播途径

在三种薯类当中，探寻番薯传播途径的方法最为有趣。在缺乏文字记录和考古学资料的地区，文化人类学揭示了栽培植物的传播途径。前文提到过，大洋洲的岛屿充当了连接南美洲和亚洲植被的桥梁。在查找番薯传播的桥梁时，文化人类学派上了用场。

番薯作为重要的作物在日本和新西兰扎下了根。在史前时期番薯就已经传播到新西兰了。17 世纪番薯从中国经过宫古岛传到琉球，然后以琉球薯的名称传到了日本江户时代的番国萨摩藩。番薯传到中国的途径是以墨西哥为起点，经由夏威夷、关岛和菲律宾，最终到达中国。上述路线所经之地，都保留了番薯在墨西哥的古老称呼卡摩特（camote）的发音，所以称为卡摩特路线。此外，在菲律宾以南的东南亚地区也有一条传播路线，是欧洲人绕过非洲去印度的路线。这条路线上指代番薯的词语都保留了巴塔塔（batata）的发音，所以称为巴塔塔路线。值得一提的是，在非洲、印度和东南亚等传播的目的地还保留着巴塔塔的发音痕迹，只要是与薯相似的植物都称为巴塔塔。

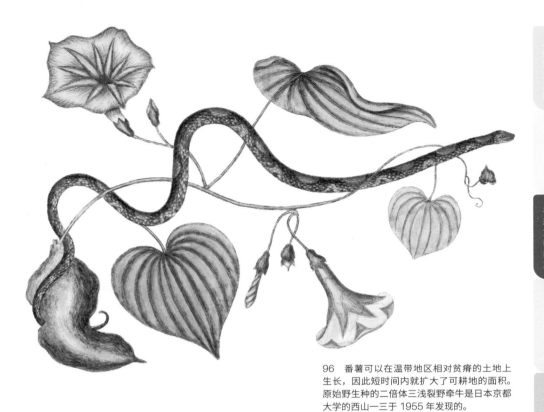

96　番薯可以在温带地区相对贫瘠的土地上
生长，因此短时间内就扩大了可耕地的面积。
原始野生种的二倍体三浅裂野牵牛是日本京都
大学的西山一三于 1955 年发现的。

第 1 章　人类诞生之前

第 2 章　丛林之前？

第 3 章　农耕文明时期

第 4 章　大航海时代之前

第 5 章　大航海时代与工业革命时期

第 6 章　工业革命之后

结语　植物与人类的未来

80 万年前番薯的孤身旅行

关于番薯的传播，有人认为或许还可以追溯到比卡摩特路线和巴塔塔路线更早的路线。在西方人把番薯从南美洲带到大洋洲之前，人类就已经栽培番薯了。新西兰北岛的毛利人称番薯为库玛拉，即 kumara 或 kumala。20 世纪 60—70 年代，人类学家对环太平洋地区的语言进行了调查，发现从东南亚到大洋洲岛屿的人，以及中美洲和南美洲的原住民都在使用与毛利人的库玛拉同义同音或发音相似的单词。由此，人类学家开始设想史前人类沿着连接中美洲、南美洲、亚洲和大洋洲的海路迁移所伴随的植物传播。这条传播路线被称为库玛拉路线。

库玛拉路线最早可以追溯到什么时候呢？直到最近，这一谜团才被解开。答案就在大英博物馆植物标本的 DNA 中，这是库克船长航海时同乘的植物学家发现的。大洋洲本地种的

DNA 还没有被通过巴塔塔路线和卡摩特路线到达的番薯"污染"，科学家 2013 年对本地种的核 DNA 和叶绿体 DNA 的分析结果强有力地支持史前时期的番薯从南美洲的秘鲁和厄瓜多尔向传入波利尼西亚的观点。2018 年发现与这一本地种亲缘关系最近的是墨西哥的野生种。根据推算，番薯从原始野生种分离出来的时间大约在 150 万年前，而漂洋过海的时间大约在 80 万年前。

也就是说，早在约公元前 2000 年人类定居波利尼西亚之前，番薯就已经漂洋过海到达了波利尼西亚。番薯很可能不是与人类一起完成了最初的海上旅行，而是独自完成了此次旅行。从这些分析的结果中可以看出，并不是人类从原始野生种中筛选出了番薯的栽培种，而是番薯一直在波利尼西亚等待着人类的到来。

从祈求祷告到
查明植物疾病的真相

病原菌会破坏植物的生长，威胁以植物为食的人类的健康。或许在栽培植物传播的同时，
病原菌也随着漂洋过海了。接下来，让我们一窥植物病理学的开端。

从 19 世纪发生的爱尔兰马铃薯大饥荒开始，由关键作物的疾病蔓延引起的严重饥荒曾多次困扰人类。从伊比利亚半岛到黑麦向北最远种植区域——俄罗斯地区，雨季时黑麦田里可能会爆发麦角菌。麦角菌会产生有毒的生物碱。如果人误食了被该菌污染的面粉做成的面包，就会出现重度食物中毒，被称为麦角中毒，主要表现为血管的极度收缩以及严重的四肢坏死。在中世纪的记录中，这些症状被认定为瘟疫，人们会在教堂向圣安东尼祈祷治愈疾病。实际上，感染病菌的并不是人类，而是黑麦，只不过当时的人们并不知道。

疾病的原因是鼹鼠和老鼠吗

在 18 世纪初关于植物疾病的书籍中，微生物的概念还没有出现。1715 年巴黎出版的一本书中收罗了各种植物栽培和修剪的知识，还专门设置了"树木的疾病与改善方法"的章节。其中提到了"溃疡（会造成腐烂的损伤）""苔藓""黄化""枯萎""鼹鼠""老鼠""树木内部的幼虫""花蕾脱落（虫害）""绿色蚜虫"等造成树木疾病的原因，主要是与动物和昆虫有关的危害；最后还介绍了"植物的疲劳以及恢复方法"。那个时候还根本不存在微生物这一因素。在病原微生物参与时，无论是黄化、枯萎，还是溃疡，都不是造成植物疾病的原因，而是结果。

在之前提到的发生马铃薯大饥荒的 19 世纪，显微镜已经广泛普及，人们很快就明白病原微生物（马铃薯疫霉）是引发大饥荒的原因。饥荒后不久，1855 年创刊的德国综合学术期刊所刊登的论文提出植物叶片表面的气孔在马铃薯疫霉扩散过程中起到了重要作用，同时也阐明了马铃薯疫霉菌的入侵途径以及细胞组织内的状况。由此可以看出，在植物研究领域，1855 年的人们已经确立了细胞与细胞之间相互作用的概念。

比动物还要早的细胞生物学

细胞生物学始于 17 世纪。罗伯特·胡克（Robert Hooke）和安东尼·范·列文虎克（Antonie Philips van Leeuwenhoek）先指出细胞的存在，随后马蒂亚斯·雅各布·施莱登（Matthias Jakob Schleiden）在 1835 年提出了细胞学说。植物研究领域提前接受了这些观点，并开始探讨细胞层次的微生物之间的相互作用。1855 年，细胞学说也开始应用于动物研究领域。与 18 世纪讨论鼹鼠和老鼠的危害时相比，19 世纪的科学研究水平已经有了质的飞跃。

97 1715年出版的《树木的疾病与改善方法》中的页面。在这之后的内容，虽然介绍了树木疾病的各种实例，但并没有提到微生物的概念。

98 绘制于19世纪的由介壳虫引起的柑橘属水果疾病的画。

99 19世纪初期对马铃薯中淀粉的素描。

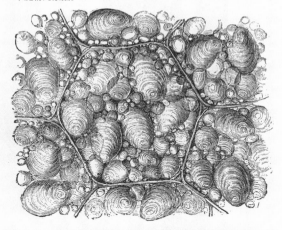

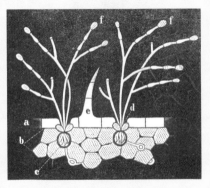

100 19世纪中期，人们设想的马铃薯疫霉在植物组织内感染途径的示意图。

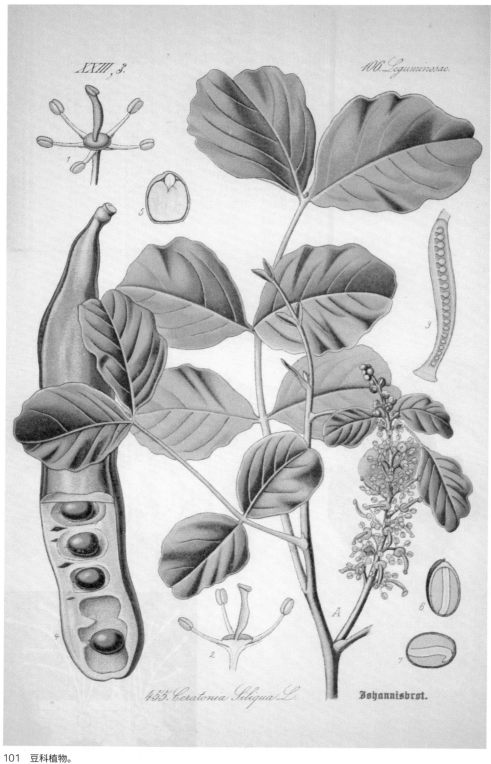

101　豆科植物。

豆科植物：
地球上最繁荣的
植物家族之一

人们是从什么时候开始普遍食用豆子的呢？站在现在饮食习惯的角度，可能难以想象史前人类在食用豆子时遇到了不小的障碍。无论是在干燥土地还是湿润土地上都自然生长着很多豆子。但很多野生种类含有毒成分，不适合食用。要将这类食材可食化，人们就必须开发去除毒素的工艺。

此外，除了要去除毒素，坚硬的种子也是一个问题。豆子的种子普遍都太过坚硬，如果只是在火上或放入草木灰中烤的话，并不能使其软到可以咀嚼的程度。因此，必须长时间煮才可以。这样看来，如果要食用豆子的话，就需要像锅一样耐热的烹饪器具。因此人类开始食用豆子应该是在陶器发明以后。

豆科植物的缓慢传播

即使能够吃到软的豆子，能不能消化也是一个问题。豆子的特征之一就是含有妨害蛋白质消化的很多"碍事的成分"。因此，很多豆子的品种在加热烹饪之后，还要经过更进一步的加工才可以食用。加工时，或许还要用到微生物。虽然某个地区豆科植物的可食化取得成功，并筛选出有用的种类进行栽培，但它们向其他地区的传播会受到当地的技术水平以及必要性等因素的限制。由于这些因素的限制，豆子的传播并不像其他作物那样一帆风顺。

研究农耕文化起源的中尾佐助认为，以东南亚为中心的热带根栽农耕文化似乎一直拒绝栽培豆科植物。在栽培的豆科植物中也有不食用豆子而食用根部的。一方面，对于热带根栽农耕文化来说，一年四季都有香蕉、芋头等信手拈来的食材。禾本科的种子虽然容易储藏，但是食用起来要花费更多的工夫，所以没多大必要性。同样，对食用时烹饪技术要求很高的豆子也没有栽培的必要性。另一方面，特别是在大航海时代以前，不同文化间的交流进程非常缓慢。接下来就介绍人类为食用豆类所做的努力、相关文化背景，以及与豆科植物种类多样性相关的植物学讨论等。豆科植物是给人们理解植物带来许多启发的植物家族之一。

各种豆子：
让土地和餐桌都变得富饶

基本信息

菜豆（*Phaseolus vulgaris*），豆科菜豆属
原产地：南北美洲大陆
主要分布地区：全世界都有种植

鹰嘴豆（*Cicer arietinum*），豆科鹰嘴豆属
主要分布地区：亚洲西部、北非、印度

兵豆（*Vicia lens*），豆科兵豆属
主要分布地区：栽培于新月沃土地区后传入欧洲

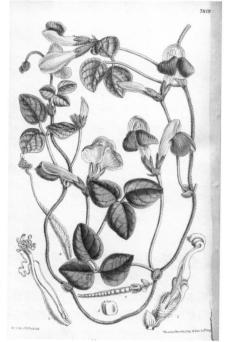

102　菜豆从古代开始就在南北美洲栽培，之后成为主要作物。16世纪菜豆被引入希腊等地的日常饮食中，随后在欧洲全域普及。

豆科植物的起源

豆科植物是被子植物中非常大的群体，也是地球上最为繁荣的植物家族之一，现在仅食用种类就有七八十种。豆科植物的起源地在热带稀树草原农耕文化遗传资源中心的非洲，以及亚洲西部（有研究者认为印度北部最有可能）。起源于非洲的豆科植物如豇豆、四棱豆等都是夏季作物，而起源于亚洲西部的豆科植物如兵豆、鹰嘴豆等都是冬季作物。

此外，大豆是在照叶林农耕文化圈中的中国、朝鲜半岛、日本的作物，很可能是以这些地区自然生长的野大豆为原始野生种培育出的栽培种。据了解，豆科植物在美洲大陆也很早就开始种植了。大航海时代之后，部分种类被带到了欧洲，菜豆就是其中之一。由于法国开发了很多这种豆子的烹饪方法，所以菜豆也被称为法国豆（French bean）。16世纪，菜豆经由欧洲传入中国，17世纪时传入日本。由此可见，豆科植物栽培种的起源和传播并不是一元的，而是多元的。菜豆后续的传播情况也是非常多样的。

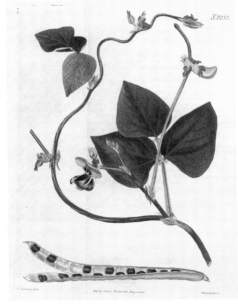

103 有说法认为，中国明朝高僧隐元的名字发音有日文菜豆的意思。而在日文中，菜豆和扁豆是同一个词。有人据此认为他带到日本的可能不是菜豆，而是扁豆。此图为以 *Dolichos sinensis* 为学名记述的扁豆，出自 1821 年伦敦的植物学杂志，现在扁豆的学名是 *Lablab purpureus*。

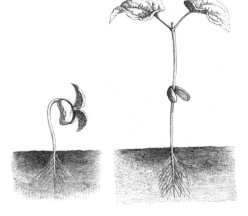

104 双子叶植物的发芽方式分为两种类型。在豆科植物中，这两种类型均存在。菜豆和大豆发芽时子叶（双叶）会伸出地表，图中示意了发芽过程。还有很多豆科植物的子叶会留在地下。不同之处在于最初的光合作用是依靠子叶还是本叶。

豆科植物的饮食文化

很早就有多种豆科植物传入的印度北部地区属于印度文化圈，那里的人们将多种豆子作为主食食用。从世界范围来看，恐怕没有哪个地区能像这个文化圈的人那样大量消费豆子。那里流行的食用方法包括将豆子磨碎后食用，或者在此基础上炖熟后做成汤。由于宗教原因不能摄入动物性蛋白的人很多，豆子就成为他们非常重要的蛋白质来源。在印度被广泛食用的豆科植物以兵豆和鹰嘴豆为代表，多数都是比较容易烹饪的种类，它们从古希腊时期就开始在地中海地区普及了。

豆科植物通过陆路或海路传入欧洲，各地也都出现了独特的豆类菜肴，比如意大利托斯卡纳地区的白菜豆汤。在西班牙，以黎凡特地区为中心，将鹰嘴豆长时间炖制而成的菜肴是人们必点的。在南美洲，与菜豆相关的饮食文化现在仍然非常流行。

此外，在日本地区，大豆在可食用豆科植物中所占的比重较大，必须进行深度加工才可食用。味噌、酱油以及纳豆这些利用微生物加工而成的产品在很大程度上影响了日本地区饮食文化的发展方向。产生于中国的豆腐，后来也传入了日本。

第1章 人类诞生之前

第3章 农耕文明时期

第4章 大航海时代之前

第5章 大航海时代与工业革命时期

第6章 工业革命之后

结语 植物与人类的未来

Cultivé dans les champs. -- Fleurit de juin en septembre.

Luzerne cultivée.
Medicago sativa.
— LÉGUMINEUSES. —

105 紫苜蓿（*Medicago sativa*）丰富了放牧草地的植物种类。
除了将其用作牧草之外，人们也开始将其嫩芽作为沙拉的配菜食用。

第1章 人类诞生之前

第2章 采猎文明之前

第3章 农耕文明时期

第4章 大航海时代之前

第5章 大航海时代与工业革命时期

第6章 工业革命之后

结语 植物与人类的未来

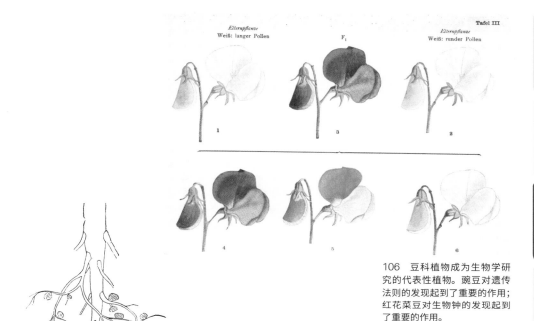

Elternpflanze
Weiß: langer Pollen

F₁

Tafel III

Elternpflanze
Weiß: runder Pollen

1   3   2

4   5   6

106　豆科植物成为生物学研究的代表性植物。豌豆对遗传法则的发现起到了重要的作用；红花菜豆对生物钟的发现起到了重要的作用。

107　菜豆根系上形成根瘤的素描图。在根瘤中，根瘤菌可以固定氮元素，植物得以茁壮生长，土地也变得肥沃。

可持续性发展的豆科植物

许多古代文明灭亡的原因在于农业不能持续发展，这样的例子不胜枚举。与此形成鲜明对比的是，中国历朝历代种植的大豆具有可持续的特征。不仅大豆，豆科植物中的很多其他种类在不施肥的情况下也能在荒芜的土地上茁壮生长。比如，在牧草地种上紫苜蓿后，不仅草会长得很茂盛，土地也会变得肥沃起来。这是因为多数豆科植物都与根瘤菌共生，根瘤菌可以将空气中的氮元素转化成肥料。

多数豆科植物的根系都会形成供根瘤菌生存的瘤（根瘤），让根瘤菌制造氮素肥料。如此一来，不仅植物自身可以茁壮生长，还可以让土地变得肥沃。植物没有心脏也没有血管，如果形成有一定厚度的组织，就很难将氧气输送到内部。生长在地上的部分可以依靠光合作用

制造氧气，但是地下的部分要么减弱组织中心的呼吸作用，要么设法输送氧气。豆科植物根瘤的中心部分住着非常重要的"客人"根瘤菌，而作为"房东"的植物就不得不负责运送氧气。很多豆科植物都通过与动物血液中相似且为红色的植物血红蛋白（豆血红蛋白）运送氧气。在与根瘤菌共生之后，植物才开始生成血红蛋白，并将其嵌入根瘤内部，从而在根瘤中心和表面之间输送氧气。但豆科植物中的豆血红蛋白并不能像动物的血红蛋白那样顺着血液的流动运送氧气，所以效率相对较低。尽管如此，它们却可以将氧气浓度控制在既不过高也不过低的最佳状态。于是，豆科植物作为可持续发展的植物，在地球上繁荣壮大起来。

大豆：
一直养育着中华大地

///

基本信息

大豆（*Glycine max*），豆科大豆属
原产地：东南亚
主要分布地区：传统上都是在亚洲地区种植，
20 世纪后全世界均有种植

108 塔斯马尼亚的野生三叶大豆（*Glycine latrobeana*）。栽培种大豆分布于亚洲东部地区，而大豆属的大部分种类都是在大洋洲被发现的。

中华文明的大豆

除了小麦，为中国历朝历代提供了粮食的植物还有大豆。小麦是从别处传播到亚洲东部的，而大豆很可能就是在这里栽培的。伴随着中华文明的兴起，被发现的大豆成为人们的粮食来源。

自中华文明兴起以来，改朝换代是常有的事儿。北方游牧民族统治中原时，会吸收中原地区的语言和饮食文化，并传递给下一代。这些统治者的文化不断和中原文化融合。比如，原本不吃大豆的游牧民族成为统治者，制作和食用大豆的传统一直传承了下来。从这个意义上说，中华文明，包括汉字和饮食文化等文化遗产在内，应该是由感化力非常强的模因构成的。

根据遗传学研究，大豆的原始野生种是自然生长于亚洲的野大豆。这是一种藤蔓植物，与长得低矮的大豆的植株形态大不相同，但二者可以杂交。这两种植物分化了数千年后，亲缘关系仍然很近。豆科植物的植株形态非常多样，但是植株低矮这一特征在大豆的驯化中发挥了有利作用。

109 除了大豆之外，自古以来在日本种植的豆科植物还有赤豆（右）和豇豆（左）。赤豆有可能原产于日本，但豇豆在平安时代（794—1192 年）被称为"大角豆"，应该原产于非洲。

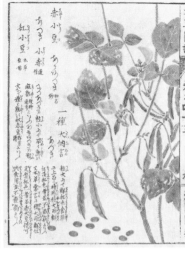

110 肯普弗所著《异域采风记》（Amoenitates Exoticae）中向全世界介绍了大豆。很有可能这是汉字"大豆"第一次在西方世界出现的页面。

被介绍给全世界的大豆

在日本自古以来的主要谷物（五谷）中，包括豆（《日本书纪》）、大豆和小豆（《古事记》）。8 世纪末期的日本平城京水井遗址中出土了大豆和豌豆的碳化种子，说明当时的人们已经在食用豆子。在这个遗址中还发现了赤豆和日本赤豆的种子，说明五谷当中的"豆"可能包括了不止一种豆科植物。

大豆是从中国传到日本的。日本考古发现的 4 500～4 800 年前大豆的碳化种子与现在的大豆相比，大小基本相同，可能发生了同等程度的肥大化，所以很有可能是栽培作物。在

同一个遗址中还出土了 6 000 多年前的赤豆碳化种子，并且与鬼胡桃、日本栗等坚果的碳化种子混合在一起，说明在日本绳纹时代中期，坚果的采集和豆子的栽培是同时进行的。

值得一提的是，在日本出岛的荷兰商行逗留的德国博物学家肯普弗在其著作《异域采风记》中介绍了日本的很多植物，并以 daidsu 这种拼写方式对大豆进行了介绍。在这之后，从日本幕府时代（1192—1867 年）末期到明治时代，日本的大豆和酱油作为搭档也传播到了全世界。

从酱到味噌，大豆加工的发展

　　至少到公元前 1 世纪以前，中国通常都用放了食盐的酱来保存食物。利用盐来保存大豆等谷物的谷酱，在 6 世纪前后传入日本。701 年的古代日本第一部成文法典《大宝律令》中记载了设置"酱院"作为专门制作酱的政府组织和机关。源自中国的酱到达日本在本土化时，《大宝律令》将其称为未酱（日语发音为 miso）以区别于日本原有的酱。未酱就是味噌的前身，

其发音也原封不动保留了下来（味噌的日语发音也是 miso）。从未酱中渗出的液体被称为大酱汁，随后酱油就开始普遍使用了。

　　在微生物（曲霉）的作用下，大豆中不易消化的蛋白质被分解成氨基酸，这样才制作出了美味的味噌和酱油。这种方法最初主要是为了保存食物，并没有主动地利用微生物。在日本开发味噌和酱油的过程中，使用曲霉将蛋白

第1章 人类诞生之前

第2章 农耕文明之前

第3章 农耕文明时期

第4章 大航海时代之前

第5章 大航海时代与工业革命时期

第6章 工业革命之后

结语 植物与人类的未来

111 酱油的制造方法在日本室町时代（1336—1573 年）中期得到了普及。在大豆和碾碎的小麦中加入曲霉，使之充分发酵后，制作成未过滤的酱油，然后加压挤出生酱油。图中描绘的就是这一生产过程。

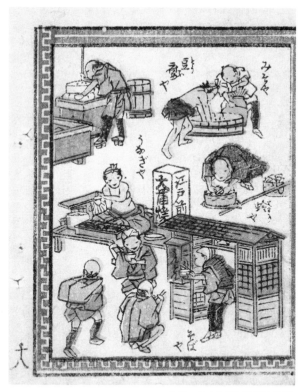

112 日本江户时代的味噌店、豆腐店一定要使用大豆，而鳗鱼店和荞麦面店没有大豆做成的酱油也做不了生意。

质分解之后，还可以进一步利用乳酸菌和酵母调出各种风味。

人们还开发出了利用纳豆菌让加热后的大豆进行发酵的方法。东南亚的豆类发酵食品也很有名。印度尼西亚的丹贝和纳豆一样也是大豆发酵之后的食物，但利用的是根霉菌（丹贝菌）。

除此之外，在日本开发的大豆可食化工艺中，还包括对豆粉和毛豆的加工。豆粉是将大豆加热之后制成的粉，不仅营养价值高，而且香气浓郁。毛豆是大豆成熟前连壳收获的绿色种子，也是为了避免大豆成熟后不便于食用的硬度。毛豆非常柔软，只要稍微煮一下就可以食用。近些年，毛豆在海外也变得非常受欢迎。

豆的扎根：
豆科植物多样化的秘密

基本信息

榼藤（*Entada phaseoloides*），豆科榼藤属
原产地／主要分布地区：日本屋久岛以南的西南群岛到东南亚

葛麻姆（*Pueraria montana* var. *lobata*），豆科葛属
原产地：日本、中国
主要分布地区：日本、中国、菲律宾、印度尼西亚、新几内亚

其他登场的植物：血木（*Pterocarpus officinalis* Jacq.），天门冬科紫檀属；紫云英（*Astragalus sinicus* L.），豆科黄芪属；落花生（*Arachis hypogaea* L.），豆科落花生属

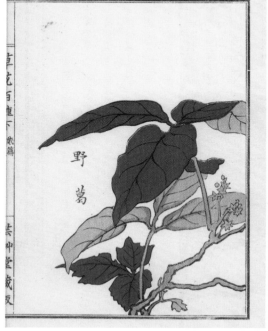

113　日本在 1876 年的费城世博会上展出了用作饲料和园艺的葛麻姆，之后其便被引入美国。但现在由于繁殖能力太强，该种成为要被驱除的外来入侵种。

《杰克与魔豆》中的"豆"是哪一种

有一个英国童话叫《杰克与魔豆》，故事中描绘了巨大的魔豆藤蔓伸向天空的画面。很可能是以豌豆那样的藤蔓植物为原形而绘制的。即使藤蔓豆科植物能长成参天大树，但是达到童话中能够耸立天际的形象也不太可能。另外，如果真的长成了大树，那么在这个过程中，它的茎应该被树皮包裹长成粗大的树干。

像多花紫藤那样，以藤蔓的形式长成树木的豆科植物也是存在的。最大的藤蔓植物当属能结出世界上最大"豆子"的热带植物榼藤了。榼藤的豆荚最大可以长到 1.5 米左右，豆粒跟台球大小一样。如果没有支撑物的话，藤蔓植物是不可能向上生长的。但在豆科植物中，有很多树木性的品种不依靠支撑物就可以向上生长，甚至还有可以长成巨树的种类。生长在中美洲和南美洲的热带雨林中的巨树"血木"或"龙血木"（龙血巴豆），被砍伐时会渗出鲜红如血的树液。其高度可以达到 30 米，根部的直径可以达到几米。杰克的魔豆到底应该是哪一种呢？纵观植物世界，恐怕还没有一个种群能像豆科植物那样拥有如此繁多的种类。为什么豆科植物如此多样化呢？这在植物学上也是未解之谜。

第1章
人类诞生之前

第3章
农耕文明时期

第4章
大航海时代之前

第5章
大航海时代与工业革命时期

第6章
工业革命之后

结语
植物与人类的未来

115 少年偷走魔鬼宝藏的故事原型 5 000 年前就已经存在了，而豆子巨树则在18 世纪的英国童话故事中最早出现。这是否与当时的英国人在热带看到过豆科植物的巨树有关联呢？

114 跟人的身高差不多的榼藤的豆荚。

食用价值小的豆科植物

豆科植物中，既有可以长成树木的大型植物，也有像紫云英那样在野地里开小小的花、结小小的豆荚的楚楚可怜的小型成员。虽然人们通常会先入为主地认为豆科植物都是把养分储存在豆子里，但颠覆这种常识的是，有的豆科植物会将淀粉储存在根部，还有落花生这种在地下结出豆子的种类。

葛麻姆虽然也是豆科植物，但可以食用的部分并不是结出的豆子，而是根。其根部储存了淀粉，挖出来收获时的场景，与其说是豆科植物，不如说更接近根菜类作物。葛麻姆根里的淀粉是制作葛粉糕的材料，也是制作葛粉汤和中药葛根汤的材料。日本奈良时代的诗人山上忆良在《万叶集》中将其作为秋之七草之一来歌颂。秋之七草都是药用植物，葛麻姆本来是温带植物，但可能因为根部储存淀粉的特性受到人们的喜欢，是从温带传播到热带根栽农耕文化圈的少数植物之一。葛麻姆的传播也有实例。根据中尾佐助的研究，美拉尼西亚的很多岛屿上的人们，都会对葛麻姆进行人工分株和栽培，这说明葛麻姆曾在这些岛屿间传播。由于这里气温很高，葛麻姆不能开花结果。不过这些地区的人们并不食用葛麻姆。另外，据说在中国台湾和菲律宾之间的岛屿上，人们一直在种植葛麻姆并食用由其制成的淀粉。

FLORE D'AMÉRIQUE.
Collection de Fleurs et Fruits des plus remarquables &c
(De grandeur naturelle)

132

LE PISTACHIER ARACHIDE
Et le Bouton d'or

116 落花生在夏季开花,通过自花授粉结出果实。此时,子房的根部(子房柄)向地下延伸,子房的前端膨胀在土壤中生成种子。

哺乳动物和豆科植物

包括我们人类在内的哺乳动物、鸟类、豆科植物,在演化上应该可以说是"同班同学"。如果我们按照地质学划分的大致时代回顾地球的历史就会发现,在恐龙横行的中生代和哺乳动物、鸟类繁荣的新生代,构成生态系统的主要成员发生了很大的变化。主角替代的一幕发生在白垩纪末期和古第三纪开始前的交界时。在约 6 550 万年前的大灭绝事件中,包括恐龙在内的很多动物退场,有胎盘的哺乳动物和新生的鸟的同类登场了,并形成了地质学中的 K-Pg 界限(白垩纪—古近纪界限)。实际上,

那个时候,植物的世界里也发生着很大的变化,虽然没有像动物界那样大规模地灭绝,但也发生了成员的革新。豆科植物就是在这个时候首次出现在了地球上。它们就像填补生态系统中其他植物的空缺一样,一边改进自身的形态一边向全世界扩散,并发展出适应各种气候的种类。

科学家们通过分析豆科植物的染色体发现,在 K-Pg 界限之后,豆科植物发生了多次"二倍化"现象,即整套基因的基因组会变成二倍甚至三倍。有的学者认为,基因组倍增是豆科植物多样化的契机。

以玉米为例
探讨谷物与营养的均衡

主要谷物的发现
是否引领人们走向健康?
以玉米为起点
探讨现代人的营养摄入。

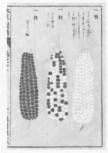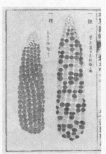

117 玉米。

本章主要介绍的小麦、大麦和大米等在全世界流通的主要谷物都是禾本科植物的种子。代表北美大陆的谷物玉米也属于禾本科。这些谷物是碳水化合物的供给源,也含有一定量的蛋白质。在以狩猎和采集为主的社会,食物的供应受季节影响非常不稳定,但是谷物出现之后,可以确保一年四季都有稳定的能量来源。人类也在一定程度上从食物来源的问题中得到了解放。然而,依靠单调的饮食度过困难的季节时,营养质量的保证有时也会成为生死攸关的问题。

现在玉米已经成为在全世界种植的主要谷物,但在大航海时代之前,它只是美洲大陆的地方性食物。在美洲大陆,玉米通常被做成玉米饼或粥,主要是热带美洲的人们作为主食食用。然而,如果长时间单一食用玉米这种谷物的话,会造成很多健康方面的问题,因为玉米中缺少人体必需的氨基酸中的赖氨酸。现在中美洲和南美洲的人们会在玉米饼中放入豆类或肉类等配菜以补充赖氨酸的不足。

虽然程度有差异,但依赖单一谷物的饮食习惯无论如何都会造成蛋白质摄入量的不足。要解决这一问题,要么使用味噌等蛋白质含量高且容易储存的食材,要么直接食用经过酵母发酵的面包和啤酒,它们本身就含有高蛋白酵母菌。这些也是人类靠经验所积累的智慧。很早之前南美洲的人们就开始将玉米发酵制成吉开酒饮用。

如果形成只吃玉米等特定植物的饮食文化,会产生营养方面的问题,只食用深加工的精细食材也是如此。日本明治时代,脚气病成为很严重的社会性问题,就是因为人们偏向食用精米导致维生素摄入不足而产生的。通过在饮食中加入麦米饭,这一问题得到了改善。经常食用精细加工去除胚芽的面包也会导致这样的问题。

现在的人们,一年四季都可以稳定地获取各种各样的食材。然而,随着产量高的栽培植物的筛选,食品加工的深度化,以及流通的标准化,我们食用的植物种类也存在一定程度的局限。或许我们应该重新审视自己日常的饮食习惯究竟有多么丰富或者多么单调。

第4章

植物的
神奇功效

（大航海时代之前）

当食物供给稳定到一定程度时，人们从之前
单纯追求生存逐渐转变为追求更好的生活，
会更加积极地利用植物。人们在开始探讨世
界的抽象概念的同时，也发现了很多有不同
功效的植物。本章主要介绍古代文明与早期
栽培植物之间的关系。

"世界"概念的萌芽
植物是如何被发现的

柳树从几千年前就被人们当作药用植物利用了。现在最常用的药物阿司匹林的成分最初就是从柳树皮中提取的。阿司匹林研制过程从古至今的一系列故事，能让我们重新认识植物的价值，也能让我们回望古人的智慧。本章前半部分主要介绍古人如何从植物中找到药用成分以及发掘果实的用途等，并将它们驯化的情况。

最早种植的
美味且有用的结果树木

此处选取的植物除了柳树，还有柑橘属植物以及能结出果实的蔷薇科植物。现在一说到水果，我们脑海中最先浮现的恐怕是梨、苹果、樱桃、桃和草莓等吧。这些水果全都是蔷薇科植物的果实。蔷薇当然也会结果，其果实玫瑰果是水果中维生素 C 含量最高的。因此，近年来作为食品或作为营养品的原料，玫瑰果的种植规模不断扩大。另外，橙、葡萄柚、柠檬等柑橘属植物的果实也深受人们喜爱。人类从特定类群的植物中，培育了多种多样的有用植物，特别是橙的原始野生种香橼和苹果。即使在没有文字记载的情况下，通过考古学的物证也可以发现其栽培历史的悠久。

本章前半部分介绍的植物都是几千年前栽培的木本植物。此外，这一部分还介绍了与古代文明密切相关且可以结果的树木，如无花果和木樨榄。公元前 8 世纪土耳其米达斯国王的坟墓和以色列建造于 8 世纪的阿克萨清真寺是用雪松做建材的。

从"世界的构成"
看与植物的距离感

本章的后半部分介绍了古人对特定植物的看法，以及他们赋予植物的象征性意义。为了更清楚地展示古代文明与植物之间的关系，我们会以不同植物为主题进行介绍。在此之前要先确认一点，不同的文明发现植物的方法也会大不相同。人们对植物概念的抽象程度，以及切身感受植物的具象程度，都会受到所在地区气候的巨大影响。从这一点出发，我们可以了解植物在古代文明所思考的"世界的构成"中所处的位置。

信奉四大元素的西方与信奉五行的东方

古希腊的哲学家们引入各种观点对世界的构成进行探讨。特别是活跃于公元前6世纪的阿那克西曼德和泰勒斯，活跃于公元前5—前4世纪的恩培多克勒、柏拉图和亚里士多德。他们认为，这个世界乍一看非常复杂，其实是由四种基本元素构成的，即火、风、水和土。这种观点是人类通向发现化学元素之路的第一步。公元前7—前2世纪的中国春秋战国时期，就已经确立了"木、火、土、金、水"五行的观点。五行适用于历法、天文、农业、土木和医学等诸多领域。

与古希腊四大元素论相比，五行中多了代表植物的"木"。以此判断，中国的古代文明更加重视植物。照叶林农耕文化圈中的中国古人感受到的植物生物量的强大的存在感，与干燥地中海气候包围的希腊人感受到的植物生物量的稀少，也从这一点得到了反映。或者说，希腊人虽然可以在日常生活中看到真实的植物，但是当通过抽象化的"滤镜"描述世界时，植物就被过滤掉了。如果说植物本身也是由四种基本元素所构成的话，这种现象也还可以理解。另外，古希腊出现了观察植物的科学家先驱，即继承了亚里士多德的学问并开创了植物学的狄奥弗拉斯图。本章会对他进行介绍。

此外，在中国古代思想体系的抽象化世界中，植物占据了核心一角。这并不是指具体的植物个体，而是指具有植物基本要素"木"的概念。中国的五行概念与第2章提到的人类最早掌握的资源"木"，以及自然生态系统中获取的工具"火""石""土""水"的概念，存在相通之处。随着文明的兴起，石器被青铜器和铁器所取代，"石"和"金"被互换，于是形成了"木、火、土、金、水"五行。

Fruits en baies.

Maubert pinx

Debray sculp

118 葡萄。

药用植物：
早期的药用树木和果实

亚里士多德的弟子狄奥弗拉斯图是对植物进行细致观察并留下详细记录的古代学者。他在亚里士多德去世后，成为其学问上的继承者。狄奥弗拉斯图接替亚里士多德主持吕克昂学园，鼓励学生们在学园的庭院里种植各种植物。据说，外邦的学生们纷纷从自己的出生地带来了各种植物。据传，狄奥弗拉斯图整理了 227 本关于植物的著作。《植物的研究》（Historia Plantaram）和《植物的起源》（On the causes of plants）现在仍然是非常有影响力的著作。他被称为"植物学的鼻祖"，可以说，他的研究是欧洲植物学和农林学的起点。狄奥弗拉斯图的书中记载的生药多达 480 种，比如从橙花中提取的精油和柠檬的果实等。这些柑橘属植物在书中的出现说明，古希腊时期柑橘属植物就已经被广泛利用了。说到果树，原产于高加索地区的苹果是在亚历山大大帝远征波斯（今伊朗）时带回欧洲的。那时，狄奥弗拉斯图也一起参加了远征。他带回了许多野生苹果，用嫁接的方法培育树苗，还研究出了栽培方法。代表地中海海域的葡萄酒的普及也少不

了狄奥弗拉斯图的功劳。他的著作详细记载了葡萄的栽培方法，特别是插枝育苗和分枝的方法，剪枝、冬夏定枝的方法等。

保留至今的狄奥弗拉斯图的遗产

狄奥弗拉斯图对植物进行了系统的分类，奠定了当代分类法的基础。他在植物分类中使用的希腊语属名，在林奈以双名法记载的很多植物名称中也有保留。白柳的学名 salix alba 就是例子之一。在那个时代，人们对柳等药用植物的研究，与食用植物一样投入了大量精力。此外，在古希腊、古巴比伦和古埃及，人们掌握了收集海枣的雄花粉并将花粉撒到雌花上的办法，也就是通过人工授粉得到果实的技能。最早用文字记载这些技能的就是狄奥弗拉斯图。海枣与文明的关系也是本章主要的话题之一。

哪怕只是管窥狄奥弗拉斯图留下来的部分资料，我们也能发现古代文明积累下的有关特定植物的知识。接下来，让我们了解一下古代文明是如何接纳并利用有特殊价值的植物的。

葡萄：
制造通向神明的饮料

基本信息

葡萄（*Vitis vinifera*），葡萄属
原产地：高加索地区及里海沿岸
主要分布地区：曾广泛分布于德国以南的欧洲地区，现在
在美洲大陆的产量也不断增加

119　葡萄是最早正式使用农药波尔多液来预防病害的作物。这种农药由法国葡萄产地波尔多的植物学教授皮埃尔－马里－亚历克里斯·米拉德（Pierre-Marie-Alexis Millardet）发明。

众神花园里的葡萄

　　葡萄的原产地是从欧洲西部向东跨越里海到新月沃土和波斯沿海地区的广阔区域。根据考古学的资料，欧洲人所说的近东地区是比较准确的原产地，推测公元前7000年—前4000年葡萄已经在这里种植了。除此之外，古代两河流域刻在泥板上的文学作品《吉尔伽美什史诗》似乎印证了自古以来这些地区就已经在种植葡萄，因为第9块泥板上就有葡萄的出现。主人公吉尔伽美什国王在追求永生的旅途中造访了由蝎人看守的众神的花园。在这一段的描写中，除了有能够变成宝石的诸多树木，还出现了结出下垂的果实且枝繁叶茂的葡萄藤。这应该是世界上最早有葡萄出现的文学作品。可能是受到这一史诗的影响，古希腊的《荷马史诗》中同样有对乐园里葡萄的描写。根据这些推测，在底格里斯河和幼发拉底河流域以及古希腊，从公元前就已经开始栽培葡萄了。

　　在古埃及，大众（劳动者）喝的酒是啤酒，与神明相通的人喝的酒是葡萄酒。埃及的智慧被希腊和罗马继承。古罗马时代，随着罗马帝国向西欧扩张，葡萄栽培作为地中海智慧的结晶，传播到了更广阔的地区。

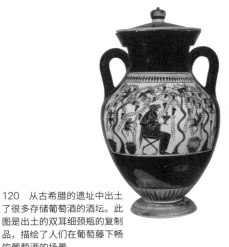

120 从古希腊的遗址中出土了很多存储葡萄酒的酒坛。此图是出土的双耳细颈瓶的复制品，描绘了人们在葡萄藤下畅饮葡萄酒的场景。

122 古希腊神话掌管丰收和葡萄酒的神狄俄尼索斯有善恶两面性格。所以有人认为，他就像葡萄酒一样，作为"生命之水"既受到人们的珍视，但过度饮用又会发生危险。

121 古埃及的壁画除了描绘大麦的种植外，还描绘了葡萄收获和酿造的劳动场景以及品尝葡萄酒的场景等。正在劳动的人们喝的恐怕不是葡萄酒，而是啤酒吧。

第1章 人类诞生之前
第2章 ⋯⋯之前
第3章 农耕文明时期
第4章 大航海时代之前
第5章 大航海时代与工业革命时期
第6章 工业革命之后
结语 植物与人类的未来

葡萄酒的魅力

葡萄的栽培技术、储藏和运输葡萄酒的酒坛的生产技术，以及葡萄酒的酿造技术，在古埃及、古希腊和古罗马不断发展。200—400年，这些技术的发展达到顶峰。但在之后的1200—1400年，这些技术一直处于没有任何进步的停滞状态。在这期间，就只有修道院某些宗教活动需要酿酒会继承这些技术。对于基督教来讲，葡萄酒拥有特殊的意义。

葡萄酒生产技术的再次发展和技术进步的加速是在18世纪。葡萄酒历史研究专家沃纳·艾伦（H. Warner Allen）认为，其原因是欧洲贸易状况的变化和陈年葡萄酒的出现，但是我认为与工业革命同时觉醒的科学家们所起的作用更大。18—19世纪的欧洲处于文艺复兴之后的启蒙时代，正要迈入科学革命的时代。在这个时代的后半叶，推动了微生物学、医学和化学发展的路易斯·巴斯德（Louis Pasteur）登上历史舞台。19世纪，巴斯德还阐明了在红葡萄酒的颜色和风味成熟的过程中，氧气与多酚类化学反应的重要性。

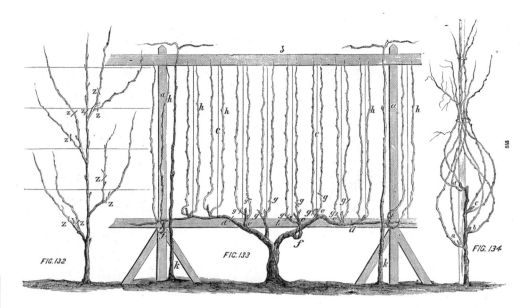

123　葡萄移植后 1～4 年中需要进行葡萄藤诱导、定枝以及葡萄架布置。此图为相关示意图。

从葡萄架发现光合作用

古人对葡萄栽培倾注了很多心血，其知识的积累还促进了植物生理学的发展。比如，腓尼基人从公元前 1200—前 900 年，在后来的迦太基地区大力发展葡萄栽培。公元前 500 年左右，迦太基作家马戈将葡萄的栽培方法系统地整理成 28 本著作出版，记录下了腓尼基人的贡献。另外，在古希腊创立了植物学的狄奥弗拉斯图也记载了葡萄栽培和葡萄酒的酿造方法。古罗马的执政官大加图在公元前 160 年左右撰写了《农业志》，记录了当时罗马的葡萄栽培情况。

在大加图的《农业志》面世两个多世纪后，罗马作家科卢梅拉出版了 12 卷的专著《农业论》，不仅传承了葡萄栽培的技能，还提出了新的方法。特别是将葡萄藤安置到架子上的建议，

对之后 2 000 年的葡萄栽培方法产生了至关重要的影响。在科卢梅拉提出使用架子支撑葡萄藤蔓这一方法之前，人们一般都是将葡萄藤蔓缠绕到别的树木上，就像原来森林中的野生葡萄缠绕到树木上到处蔓延一样。古埃及、古希腊和古罗马前期的葡萄栽培，都是原样照搬这种原生态的方法。

说不定科卢梅拉是最早注意到光合作用本质的人。之所以这么说，是因为他洞察到作为葡萄架的树木的叶子和葡萄叶子互相争夺阳光，所以把充当支架的树木的叶子全部去掉，只留下光秃秃的架子。他能打破"树木和葡萄共存"的这种固有观念，真的是非常难得。之后，为了更高效地利用阳光，人们又想到了主动修剪掉葡萄的老叶和枝条的技术。

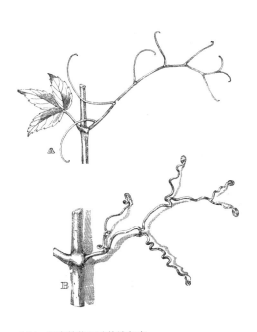

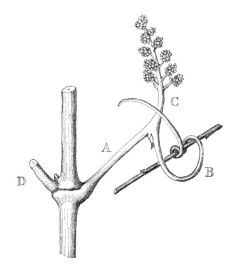

125 这也是达尔文所观察的长出花序的葡萄嫩枝。从茎分化出来的共用花柄前端不仅长有带着花序的蔓，还有进一步分化延伸的卷须。该观察阐明了植物的"运动"。

124 研究植物运动的达尔文父子还观察了葡萄的卷须。此图为他们所绘的在葡萄茎对侧发育的稚嫩卷须和成熟卷须。

选择葡萄酒名产地的古罗马时代

关于光合作用，还有一件关于古罗马葡萄种植的事情。古罗马人似乎根据经验已经知道了光合作用与光和湿度有关。

现代科学已经能将植物的光合作用作为光和湿度的函数进行精确模拟。当然，这是在已经满足水分和二氧化碳浓度等必要条件的前提下进行的模拟。在尚未发现光合作用的古罗马时代，人们对葡萄种植地的选择通常是保证全年有充足的降水量和日照时间（1 300 ～ 1 500 小时）。以法国的波尔多和勃艮第为代表，很多著名的葡萄酒产地都是在古罗马时代选定的。

另外，古罗马时代的葡萄种植地大都是非常陡的斜坡，这也体现了罗马智慧。在北半球的高纬度地区，利用朝南的斜坡，阳光直射在纵向生长的葡萄树上光合作用的效率会更高。我们重新审视一下光合作用的复合函数，阳光超过一定强度的话，光合作用的速度就会达到极限。多余的热量会导致呼吸作用增强（在函数中与光合作用为负相关），反而会导致葡萄的收成减少。因此，在北半球的温暖地区，利用朝北的斜坡种植葡萄的情况也很多。

第1章 人类诞生之前
第2章 农耕文明(一)
第3章 农耕文明时期
第4章 大航海时代之前
第5章 大航海时代与工业革命时期
第6章 工业革命之后
结语 植物与人类的未来

柳树：
天然的阿司匹林

基本信息

柳属（*Salix* L.），杨柳科
白柳（*Salix alba* L.）
原产地 / 主要分布地区：除北欧之外的欧洲其他地区、
土耳其、非洲北部

126　白柳的叶子背面看起来有些发白。这是白柳的特征，也是其名字的由来。白柳英文名为 white willow，其学名 *Salix alba* L. 中的 alba 也是白色的意思。

古代文明发现的柳树药效

　　在古代美索不达米亚南部，繁荣的苏美尔最早记录了医学镇痛处方。考古学家们破译了从苏美尔时期的亚述（公元前 3500—前 2000 年）出土的泥板上保存下来的记录。结果表明，这一时期的人们已经开始有目的地使用柳树叶缓解疼痛和炎症。到公元前 1550 年，记录了古埃及医学的埃伯斯纸草书中，也有将柳树叶作为治疗药物的记载，并说明了该药物的镇痛效果和清热效果。

　　被称为西方医学鼻祖的古希腊医师希波克拉底推荐高烧和疼痛的患者咀嚼柳树叶。为了缓解分娩时的剧痛，他还将发酵后的柳树叶作为处方开给孕妇。再往后又过了几个世纪，希腊人和罗马人已经学会了将柳树皮及其提取物用于清热、镇痛、伤口消炎和溃疡的治疗。

　　而在亚洲，中国人 2 000 多年前就已经知道柳有解热镇痛功效。在中国，人们使用的是垂柳。将垂柳的嫩芽与银白杨的树皮混合，混合物对风湿、感冒、甲状腺肿大都有疗效，还可用于失血过多之后的康复和一般的杀菌。

127　希波克拉底曾将柳树皮作为口服药使用。

128（左）　英国 19 世纪种植在水渠两侧的柳树。图中的柳树用法语称为"蝌蚪剪"（tétard）的方法所修整过。

129（右）　拍摄于 20 世纪初期英国绿地中的白柳。柳树一直都是人工管理维护的。

第1章
人类诞生之前

第2章
狩猎文明之前

第3章
农耕文明时期

第4章
大航海时代之前

第5章
大航海时代与工业革命时期

第6章
工业革命之后

结语
植物与人类的未来

清热、镇痛——揭开药用成分的真面目

　　柳树不仅含有药用成分，还可作为观赏植物，因此深受人们喜爱。无论是在欧洲还是亚洲，人们居住的周边都种植了柳树。特别是在欧洲各国开始发展植物园后，会栽培和管理各种各样的树木。林荫树以及公园的树木种类也逐渐变得丰富多样。从当时拍摄的公园、绿地和植物园等地的照片来看，英国在 19 世纪初期已经种植了包括白柳在内的 20 多种树木。

　　1800 年以后，有机化学领域的分析技术得到了发展。科学家们开始尝试分析柳树的药效成分，并于 1802 年首次从柳树皮中成功提取了活性成分。那时的提取物中含有很多单宁，纯度非常低。科学家们为了获取纯粹的药效成分，想方设法去除提取物中的单宁，终于在 1828 年成功得到了高纯度的晶体。这种化合物被称为水杨苷（salicin），名称来源于柳属的拉丁语学名 salix。随后的分析表明，水杨苷是由活性很强的水杨醇的一部分与糖结合而成。人们将水杨苷直接用于风湿的治疗。研究者还在实验室将水杨醇氧化后得到了水杨酸。随着研究的深入，1858 年，科学家们终于搞清楚柳树中的药效成分本身就是水杨酸。

130 垂柳和白柳的叶形有所不同。其实，柳属的叶子形状各种各样，有长条形、披针形、卵形等。

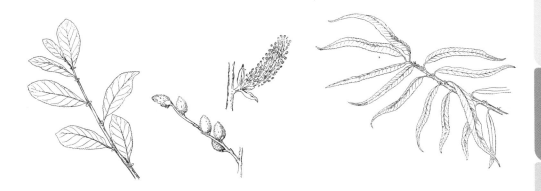

第1章 人类诞生之前

第3章 农耕文明时期

第4章 大航海时代之前

第5章 大航海时代与工业革命时期

第6章 工业革命之后

结语 植物与人类的未来

向周围的植物
传递危险信号的水杨酸

植物在自身器官受到外敌侵害时就会合成植物激素即水杨酸，并向全身发出"防御反应"的指令。接到指令后，甲基化的水杨酸通过气化向周边的植物扩散，告知外敌来袭。由水杨酸触发的这种防御反应对于病毒、细菌、真菌和昆虫都有效。在体内积蓄大量该物质的柳树，与药物阿司匹林的发现密切相关。

水杨酸
（天然化合物）

乙酰水杨酸
（阿司匹林）

从柳树到阿司匹林，再到植物

现在人们已经明白，柳树和银白杨的树皮中含有的主要药效成分就是水杨酸。水杨酸类对人体炎症的抑制作用也已经很清楚了。然而，水杨酸本身有强烈的苦味，会对肠胃造成极大的负担，所以并没有作为口服药得到普及。

1887 年，德国最先合成了能够弥补水杨酸这一缺点的化合物乙酰水杨酸。起初人们一直不清楚究竟是谁合成并发现了这种新的物质，直到 2000 年人们才知道真正的发现者是犹太科学家阿瑟·艾兴格林（Arthur Eichengrün），只不过这一历史记录在纳粹德国时期被删掉了。德国拜耳公司成功实现了乙酰水杨酸的工业生产，并以"阿司匹林"为商标开始销售这种药物。1899 年 3 月，阿司匹林首次上市，更容易口服的片剂于 1900 年开始销售。结果，由于太过畅销，1915 年阿司匹林便成为不需要处方就可以购买的普通解热镇痛药物。即使是现在，阿司匹林仍然是全世界消耗最多的药剂之一。可以说，阿司匹林是最早被量产的药物，也是人们使用历史最长的药物。

阿司匹林的解热镇痛效果极好，甚至有的科学家还考察了该药物对人以外的其他生物的效果。比利时的研究人员发现，喷洒过阿司匹林的植物不会感染病毒和细菌。所以人们推测，阿司匹林既然可以缓解感冒的症状，或许也可以治疗植物的疾病。但实际上，这并不是治疗而是预防。后来研究发现，即使不从外部给植物喷洒阿司匹林，植物自身也会在体内生成水杨酸，从而抵抗病毒、细菌、真菌和昆虫等多种外敌。受到水杨酸效果的启发，人们开发了很多药剂用来预防植物的各种病虫害。

柑橘属和蔷薇科水果：
来自水果天堂

基本信息

香橼（*Citrus medica*），芸香科柑橘属
原产地：印度东部

苹果（*Malus domestica*），蔷薇科苹果属
原产地：亚洲西部，特别是北高加索地区

132　耐旱的芸香科柑橘属植物适应了地中海地区的气候并被广泛种植。另外，蔷薇科的果实多种多样，现在很多有用的果实都来自蔷薇科植物。

美索不达米亚最早的柑橘属植物

在古巴比伦时期（公元前19—前18世纪）的美索不达米亚地区，除了家喻户晓的海枣，还种植了很多其他果树。可以确定的是，当时的人们尤其喜欢食用蔷薇科植物的果实，如梨、李、杏等。在更早的时候，古埃及的第三王朝（约公元前26—前24世纪），蔷薇科植物中的苹果就已经成为人们食用的对象。在这个时代，人们还种植了无花果和葡萄。推测石榴在乌尔第三王朝（公元前22—前21世纪）或更早以前开始种植。

1981年饮食文化专家在报告中指出，在当时的古代美索不达米亚文明中，上述食材均已出现在人们的日常生活中，唯独可以将柑橘属排除在外。在考古学的发展过程中，有时候仅靠不起眼的小发现就可以颠覆先前的假说。之后，从古代美索不达米亚的遗址中出土了公元前4000年左右的石化香橼种子。现在，人们认为这一与柠檬亲缘关系非常近的香橼，可能就是传到美索不达米亚最早的柑橘属。然而，一般认为包括香橼在内的柑橘属原产于印度，但是印度关于柑橘属最古老的记载，只有与印度教有关的公元前800年的文献。

133 香橼的近缘种佛手柑。日本江户时期编纂的《本草图谱》中记载了佛手柑，因此柑橘属传播到日本的时间应该是在此之前。

135 人们在瑞士原住民的遗址中发现了大约4 000年前的苹果化石，但欧洲普遍种植苹果是在16～17世纪。

134 香橼于公元前传到地中海地区，并在哥伦布到达美洲大陆前就已经传入了美洲大陆，其在欧洲的普及是在7世纪之后。

第1章 人类诞生之前
第2章 文明之前
第3章 农耕文明时期
第4章 大航海时代之前
第5章 大航海时代与工业革命时期
第6章 工业革命之后
结语 植物与人类的未来

从东南亚来到埃及的水果

包括埃及在内的非洲北部栽培果树的历史非常悠久，但是从古代开始种植的证据并不多。蔷薇科的代表果实苹果传到地中海是在亚历山大大帝远征的时候（公元前4世纪前后）。在这次远征中，从波斯带回苹果种子的人就是前面提到的狄奥弗拉斯图。

同样，柑橘属植物也是在亚历山大大帝远征的时候传到埃及的。耶路撒冷附近的波斯园林遗址以及突尼斯的迦太基遗址中出土的花粉化石证明，公元前四五世纪，柑橘属植物确实已经存在。这一时期，从波斯湾沿岸地区被送往埃及的柑橘属植物应该是柠檬的近缘种香橼。但最近的研究表明，从亚洲西部到地中海的古代文明中，最早的柑橘属植物是经由东南亚传入的，越来越多的研究证明，传入的时间远远早于亚历山大大帝远征时期。根据2021年发表的一项研究，从东南亚带到地中海东部和埃及的包括柑橘属植物在内的果树，最早可追溯到公元前4000年，最晚是公元前1000年。

海枣:
美索不达米亚人栽培的果实

基本信息

海枣（*Phoenix dactylifera* L.），棕榈科海枣属
原产地：亚洲西部、非洲北部
主要分布地区：从北非到西亚的广大地区

136　海枣在瑞典博物学家林奈 1753 年所著的《植物种志》中就有记载。自古以来，海枣就是人们所熟悉的棕榈科常绿的高大树木，但适应了干燥地区的环境。

具有延续生命功能的海枣

在最古老的苏美尔文明中，海枣被称为"农民之树"。其果实营养价值高，且晒干之后可以长期保存，在苏美尔人的生活中是非常重要的树木。《汉穆拉比法典》中也有关于海枣果园的条款。《吉尔伽美什史诗》中出现的海枣，是智慧之神恩基创造的世间最初的果树。《创世记》中生长于伊甸园中央的"生命之树"的原型也被认为是海枣。实际上，以地中海东部沿岸地区为中心，一直到古罗马时代，海枣的形象大量出现，其寓意从象征丰收扩展到神圣、胜利、战胜死亡和永生等。

考古学家们认为，关于海枣驯化的最早记录，可以追溯到公元前 6000—前 5000 年美索不达米亚的波斯湾周边地区，可以说海枣是最早被人类驯化的植物之一。从这一点也不难推测海枣被神化的原因。波斯湾周边地区种植的海枣，从埃及开始逐渐传播到了非洲北部的广大地区。

137　海枣果实与柿饼有着相似的甜度和口感。

138　海枣可以自然授粉，但现在为了使产量最大化，更多采用人工授粉。早至古代亚述时期就已经有了人工授粉的技术。

第1章
人类诞生之前

第2章 采集狩猎之前

第3章 农耕文明时期

第4章 大航海时代之前

第5章 大航海时代与工业革命时期

第6章 工业革命之后

结语 植物与人类的未来

现实世界中延续了数千年的搭档

海枣干果的甜味来自果实中储存的高浓度的葡萄糖、果糖和蔗糖，所以海枣是优秀的碳水化合物来源。无论是直接生吃还是晒干后食用，海枣都可以作为丰富的膳食纤维供给源。直接生吃的话，海枣还是维生素C的优秀供给源。对于由于进化而不能自主合成维生素C的人类来说，海枣是非常优秀的栽培植物。对于古人来说，海枣不仅可以作为日常的食材，还是长途旅行时必不可少的干粮。正因为如此，海枣一直是生活在亚洲西部和北非这些干燥地区人们的主要碳水化合物来源。在过去的几千年，海枣都是当地农业的核心支柱。2019年联合国粮食及农业组织的报告统计，海枣的年产量已达到900万吨。

人们现在种植的海枣与古时的海枣又不完全相同。英国皇家植物园邱园研究团队在2021年发表的一项研究报告中，通过考古基因组学的方法对比分析了古老植物组织的DNA与现生种的DNA发现，亚洲西部和北非的海枣原始野生种与爱琴海周边野生的近缘种，以及从孟加拉地区到喜马拉雅山脉野生的近缘种在公元前200年—前100年就发生了杂交。

139 蔷薇。

象征吉祥与美的植物：
圣树和蔷薇

第1章 人类诞生之前

第2章 农耕之前之前

第3章 农耕文明时期

第4章 大航海时代之前

第5章 大航海时代与工业革命时期

第6章 工业革命之后

结语 植物与人类的未来

伊拉克博物馆收藏了大约 3 500 年前刻有楔形文字的泥板。在海湾战争爆发的混乱时期，这些泥板被掠夺并秘密送往美国。2021 年 9 月 24 日，这些珍贵的文物终于被归还。这些泥板中就有《吉尔伽美什史诗》。这套叙事诗讲述了古代美索不达米亚的乌鲁克国王吉尔伽美什的冒险故事，是世界上最古老的长篇叙事诗。在公元前 2000 年左右，巴比伦尼亚的学校里阅读的教材就是叙事诗。后文将会介绍的讨伐森林守护者胡姆巴巴（Humbaba）的故事似乎在当时比较受欢迎，因为人们发现了很多刻有这个故事的泥板。就像现在的孩子拿着平板电脑学习文字一样，巴比伦尼亚的孩子也是这样拿着泥板学习楔形文字的。楔形文字的概念最早出现在旅居日本的肯普弗所著的《异域采风记》中，之后便被广泛使用，该书主要记录了他在伊朗时的所见所闻。

窥视深渊的人和植物

生活在公元前 21 世纪的国王吉尔伽美什比尼采更先窥探内心深处的黑暗深渊。《吉尔伽美什史诗》由 12 块泥板构成，原标题为《窥视深渊的人》。刻在泥板上的年轻国王和他朋友们的冒险故事中，有很多种植物出现。占绝大多数的是巨杉，能让人联想到乐园的是长着宝石的树和葡萄、可以做返老还童和长生不老药的生长在水底的植物、丰收女神伊南娜在幼发拉底河边找到的苹果树，此外还有世界之树、生命之树等。

虽然这些大部分都是想象中的植物，但其中的杉树和葡萄是实际存在的植物。这些植物象征着大自然本来的面貌以及乐园中植物的丰富。抛开寓言和神话的成分，这些植物都是作为大自然的馈赠或者作为栽培植物在古文明中扎根的表现。另外，生长在水底的长生不老的植物在英语翻译中经常被表述为"与枸杞相似的植物"（boxthorn-like plant），但也有学者认为，根据诗中的描写，这种植物上长有刺，会刺伤摘取果实的动物或人，可能是蔷薇。

本节我们将重温被自然包围、受自然摆布的人类在植物中发现幸运的种子和生命之美的情景，并探讨与拥有绝对力量的大自然抗争并兴盛的文明是怎样捕获植物的。我们也将在后文了解到，文明一旦强大到可以压倒大自然时，大自然就从人类战胜畏惧然后征服的对象，变成了需要人类保护的对象。

月桂树：
太阳神阿波罗的圣树

基本信息

月桂（*Laurus nobilis* L.），樟科月桂属
原产地：地中海沿岸地区

140　月桂是相对较小的常绿树木，在欧美也被称为 sweet bay。林奈命名的植物名单中就包含月桂。

古希腊神话中的月桂树和桂冠

在古希腊，由于太阳神阿波罗与山之精灵达佛涅的神话故事，月桂树也被称为达佛涅。在神话中，阿波罗对大地女神盖亚的侍女也就是达佛涅，产生了爱慕之心并试图诱惑她。但为了躲避阿波罗，达佛涅向大地女神盖亚求助，盖亚就把她藏到了克里特岛，留下了一棵月桂树作为替身。无论是达佛涅躲避阿波罗，还是阿波罗为达佛涅着迷，都是由于掌管性爱的神厄洛斯恶作剧射出的箭射中了两人所致。

阿波罗的性格与被视为同一神但时代更早的古希腊太阳神赫利俄斯看起来明显不同。在两个太阳神被视为同一神之前，阿罗波在位于现土耳其的安纳托利亚古代文明中被信奉为植物之神。在之后的故事中，阿波罗在月桂树前伤心良久，用树枝编成了圆形的桂冠来治愈自己悲伤的心。受这个神话故事的影响，月桂树就被称为阿波罗的圣树并被神化了。从公元前582年开始，每4年举行一次的皮提亚竞技会中，为了表示对阿波罗的敬意，会为音乐、戏剧竞技的优胜者戴上月桂枝叶编制的帽子——桂冠。

141　阿波罗和达佛涅的故事是各种艺术作品的题材。但他们的故事有各种不同的版本，被世人传颂。有时月桂树是达佛涅的替身，有时达佛涅自己会变成月桂树。

第1章
人类诞生之前

第2章
时间之前

第3章
农耕文明时期

第4章
大航海时代之前

第5章
大航海时代与工业革命时期

第6章
工业革命之后

结语
植物与人类的未来

月桂树在人们日常生活中的作用

桂冠被授予胜者的风俗也被古罗马继承。在古罗马文化中，月桂树象征胜利的意义得到加强，并被纳入传统。此外，桂冠本来是授予在艺术竞技中取得胜利的选手的。在这种传统的影响下，有的地方会把"桂冠诗人"的称号赠予在文化艺术方面有造诣的人物。这一惯例一直保留到现在，诺贝尔奖的获奖者也被称为Nobel Laureate。

月桂树叶子的形状为长椭圆形，对生于细长的枝条两侧，非常适合编成圆形的桂冠。叶片中含有可以生成樟脑的挥发性成分和精油，因此带有强烈的芳香。也正因如此，月桂叶有很多用途，特别是食品、药物以及化妆品的生产中使用较多。月桂树的精油成分具有抗菌、防腐和杀虫的作用。很早以前，人们就根据经验知道了月桂树的这些作用，他们将兼有消除异味和防腐效果的干叶子或者精油做成香辛料用于肉制品、汤和鱼肉菜肴中。从月桂树的果实中不仅可以提取精油，还可以提取油脂。与橄榄油一样，这些油脂在地中海地区是传统的肥皂原料。另外，月桂树在地中海地区作为草药的使用历史也很长，药效包括消除腹胀和消化不良等调整肠胃的功效，以及针对风湿和皮炎的抗炎效果。

蔷薇:
从餐边食物到神明供物

基本信息

蔷薇属（*Rosa*），蔷薇科，以蔷薇亚科为主
主要分布地区：蔷薇亚科的种的分布非常广泛，
跨越欧亚大陆和美洲大陆

142 蔷薇属包括150～200个
种。由于现在有很多变种，所以
具体数量难以确定。据说到目前
为止人工培育出来的品种有几万
个，现存的品种也有两万多个。

蔷薇曾经是食物

　　蔷薇是经过人工培育变得多样化的代表性植物。关于人工培育之前的蔷薇花形态的线索非常少，那么，蔷薇究竟是从何时开始变成了现在的形状呢？在第三纪初期的始新世（距今6 600万～5 600万年）的地层中发现了最古老的蔷薇化石。到了渐新世，蔷薇扩散到了世界各地，具备了多样化的条件。然而，由于作为植物生殖器官的花难以保存为化石，所以并不清楚当时花的形态。

　　人类出现以后的考古学资料虽然也不是很多，但从荷兰中部大约5 000年前的原住民居住地中发现了蔷薇的种子。可能我们马上会认为现在和过去荷兰都是花卉培育的中心。但考古学证据表明，蔷薇的种子和其他果实、坚果一样，都是当时人们拿来食用的。瑞士3 500年前的遗址中也出土了蔷薇的种子。

　　考古学家们在克里特岛青铜时代的米诺斯文明遗址中获得了许多当时人们主动使用蔷薇的线索。克诺索斯宫殿中被称为"蓝色的鸟"的湿壁画中就有蔷薇花。英国的考古学家阿瑟·约翰·埃文斯（Arthur John Evans）爵士在《米诺斯的宫殿》（*Palace of Knossos*）一书中认为蔷薇是金色的，但实际上经过后来的考古学家们考证，蔷薇是粉色的。

143 到了中世纪，蔷薇在欧洲成为供奉神明的花，禁止普通大众私自栽培。直到文艺复兴时期，蔷薇才回到普通大众手中，也诞生了很多与之相关的艺术作品。波提切利在《维纳斯的诞生》中所画的蔷薇就非常有名。

第1章 人类诞生之前

第2章 沉睡花间之时

第3章 农耕文明时期

第4章 大航海时代之前

第5章 大航海时代与工业革命时期

第6章 工业革命之后

结语 植物与人类的未来

长生不老的传说和让人着迷的香味

即使考古学的资料很少，在古代的文字记录中就没有关于蔷薇的记载吗？让我们把目光转向古代美索不达米亚地区的文学作品《吉尔伽美什史诗》。根据第11块泥板的记载，吉尔伽美什国王在冒险旅程中到达了黑暗的水底，并成功找到了能让人长生不老的植物。根据叙事诗中的描述，这种植物长有刺，所以有研究者推测是蔷薇。虽然并不清楚实际的原型是什么，但是在世界上最古老的冒险故事中，某种有刺的植物担当了象征长生不老的重要角色。有的研究者认为，叙事诗的植物原型理应更加古老，于是人们在公元前4200年的最古老的楔形文字泥板中寻找蔷薇的记载。然而，当时的亚述所使用的语言中，并没有确切指代蔷薇的词汇，不过有个词组 kasi SAR 意为"有刺的植物"。虽然有的研究者认为这个词指的就是蔷薇，但经过讨论最终还是认为该词指的应该是十字花科中的黑芥。但是黑芥并不长刺，所以依然没有最终的结论，也不能否定蔷薇的可能性。

有关蔷薇的确切记载是在希罗多德所处的时代（公元前500年）之后。古希腊神话中的米达斯国王在位于现土耳其弗里吉亚的庭园中种植了花瓣多且芳香十足的蔷薇。从植物学的角度对蔷薇进行准确记录的是狄奥弗拉斯图。他在约公元前300年的研究文本中，明确区分了蔷薇的野生种和栽培种。可见在当时的古希腊文明圈，已经有多个蔷薇品种被栽培。狄奥弗拉斯图还提到了在精油中加入含有蔷薇香味的成分作为男士香水的具体方法。此外，蔷薇水（现在所说的玫瑰水）在亚洲西部被用作调味品供人食用。根据记录，每年有多达3万瓶蔷薇水从伊朗洛雷斯坦省被出口到各个国家。

113

木樨榄：
被和平女神与胜利女神选中的树木

基本信息

木樨榄（*Olea europaea*），木樨科木樨榄属
原产地：地中海沿岸
主要分布地区：地中海地区

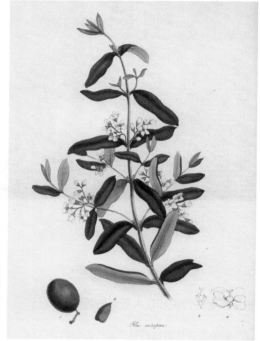

144　木樨榄是木樨科中的常绿乔木，其果实可以直接生吃，也可以用作食用油的原料。自古以来木樨榄就在地中海沿岸地区栽培，对文化的影响非常大。

从最初的木樨榄树到橄榄油

　　地中海地区木樨榄的历史，在人类出现之前就开始了。化石证据表明，木樨榄树在渐新世（距今4 000多万～2 000万年）就在地中海（意大利周边）自然生长了。根据埃文斯对植树造林以及人工林历史的研究，人类最早进行的植树造林是在约公元前4000年对木樨榄树的种植。虽然当时的人会植树造林，但并不意味着从此对木樨榄进行了广泛的栽培。在约公元前3000年，兴起于克里特岛的米诺斯文明对木樨榄进行了栽培。埃文斯对于世界最古老的植树造林以及栽培方式的讨论明显忽略了前文提到的美索不达米亚文明（公元前6000—前5000年）对海枣驯化的考古学认识。尽管如此，我们仍然可以看出木樨榄的栽培历史十分久远。

　　到了米诺斯文明的旧宫殿时代（公元前1900—前1700年），克诺索斯宫殿的地下建造了储存食物的设施，在存放谷物和葡萄酒的同时，还存放了橄榄油。新宫殿时代的遗迹中还保留了制造橄榄油的痕迹。同一时期的遗址中还出土了滑石制造而成的收获者瓶，上面刻画了27个男子手持长棍敲打橄榄的收获场景。从这些发现中我们也可以推测当时栽培木樨榄的情景。

145 古希腊时期的遗址中出土的陶器上描绘了橄榄冠加冕的场景。正在递交橄榄冠的女神也许是雅典娜吧。

146 刊登在 1775 年 1 月《伦敦杂志》上的版画，描绘了高举象征和平的橄榄枝的女神。女神左右分别是美国和英国拟人化的形象。

147 意大利人与橄榄一起生活至今。意大利托斯卡纳大区的塞贾诺镇每年都会举行橄榄油节。

第 1 章　人类诞生之前
第 2 章　农耕文明时期
第 3 章　农耕文明时期
第 4 章　大航海时代之前
第 5 章　大航海时代与工业革命时期
第 6 章　工业革命之后
结语　植物与人类的未来

木樨榄是胜利女神创造的树木

木樨榄的花语是胜利与和平。两者的由来都可以追溯到古希腊神话。为了争夺古希腊都城，与海神波塞冬发生战争的女神雅典娜创造了木樨榄树。在战争中获胜的女神的名字也成为这座城市的名字。因此，在古希腊，奥林匹克运动会的冠军会被授予橄榄枝做成的橄榄冠。

和平的寓意有两个由来。古希腊神话中的和平女神艾琳娜手持的物品中就有橄榄枝。艾琳娜手持橄榄枝的形象还被设计为古代硬币的图案。另外一个由来应该是《创世记》中诺亚

方舟的故事。人类对于大洪水的记忆在不同文化的历史故事中流传，《吉尔伽美什史诗》的泥板上也有记载。在《创世记》中，鸽子从经受住大洪水考验的方舟中被放出，叼着橄榄叶又返回了陆地，故事至此结束。这意味着神明引导着方舟重新回到了陆地。

15 世纪，在意大利佛罗伦萨，由马基雅维利主办的"自由和平十人委员会"的徽章就使用了鸽子和橄榄枝的形象。现如今，很多表示和平的图案都使用了鸽子和橄榄枝的组合。

柏木：
因长寿而被当作永生的象征

//

基本信息

柏木属（*Cupressus* L.），柏科
主要分布地区：原柏木属很早之前就分布在世界各地，
被分成 4 个属之后的新柏木属分布于欧亚大陆
地中海柏木（*Cupressus sempervirens*），柏科柏木属
原产地/主要分布地区：从地中海沿岸到伊朗的广大地区

148　由于柏木的树枝不向外
伸展，长得亭亭玉立，姿态优
美。因此，很多地方都将其用
作园林树木、庭院景观树或道
路两边的林荫树。除了观赏用
途之外，柏木还可以被用来制
作吉他的侧板和背板。

长寿的柏木具有的象征意义

　　新旧柏木属中均包含了许多品种，地中海柏木又称为意大利柏木，是文字记录历史最悠久的代表品种。从地中海到新月沃土地区，有多个与地中海农耕文化相关的文明在这里兴起。这一区域正好与地中海柏木的分布范围相重合，所以地中海柏木拥有了多个象征意义。在古代波斯，基于人类诞生于植物支系的神话，人们对自然生长于波斯的常绿树木和古树都非常尊敬和崇拜，认为它们是神圣的存在。地中海柏木和木樨榄都是常绿树木，所以人们认为它们是来自极乐世界的植物。特别是地中海柏木，由于寿命很长，被认为是永恒和永生的象征。

　　正是由于上述的这些文化传承，从古代波斯到现在的伊朗，地中海柏木一直都是绘画、工艺品和建筑的热门主题。可能很少有人知道，乍一看像是模仿了微生物图案的佩斯利纹样，在其发源地波斯，实际上所表现的是被强风吹动的地中海柏木。阿契美尼德王朝时期的波斯帝国在波斯波利斯建造的宫殿中使用了很多地中海柏木的图案。特别重要的是，佩斯利纹样还被用于琐罗亚斯德教最高神明的标志。

149 赫拉克勒斯的孙子库帕里索斯一不小心用标枪将自己心爱的鹿杀死了。悲恸万分的少年祈求神明将自己的身体变成地中海柏木，这样可以永远地忏悔。太阳神阿波罗就让他如愿以偿变成地中海柏木了。

150 包括达·芬奇这幅《圣母领报》在内，很多描绘这个场面的画作，其背景中都有地中海柏木的形象。

第1章 人类诞生之前

第2章 农耕文明之前

第3章 农耕文明时期

第4章 大航海时代之前

第5章 大航海时代与工业革命时期

第6章 工业革命之后

结语 植物与人类的未来

地中海柏木

在古希腊神话中，地中海柏木象征的是神圣和黑暗。因哀叹雄鹿之死而变成地中海柏木的美少年库帕里索斯，其古希腊文的名字Cyparissus 也是地中海柏木的英语 cypress 的词源。也正因如此，地中海柏木成了死亡和悲伤的象征，所以在西方的文化圈里，提到地中海柏木时，通常意味着死亡。在欧美，地中海柏木虽然经常被种植在墓地中，但也会用作圣诞树。

不过也有人认为，产自北美的用于圣诞树的地中海柏木，在分类上不属于地中海柏木。植物的分类与以其他生物为研究对象的系统学一样，都是在形态差异的基础上综合考虑多种分析方法并不断发展的。近年发展很快的分子系统学就是基于遗传基因的类型进行分类的学科。通过分子生物学的方法可以追溯生物演化的途径，理解物种的形成。基于分子系统学的研究结果，近年来对构成针叶树的属进行了大幅度的修订。目前，柏木属中只包含分布于欧亚大陆的 9 个种，其他的种倾向于归入另外 3 个属。北美金柏属包含北美的 1 个种；扁柏属包含了北美的 2 个种和亚洲的 3 个种；美洲柏木属则包含了分布于从北美大陆全域至南美的 16 个种。

从作为征服对象的原生林到培育木材的人工林

人类的历史可以说是人类征服自然的历史。
古老的长篇叙事诗《吉尔伽美什史诗》里也记录了
世界上最早破坏森林的事件。

2014 年，《吉尔伽美什史诗》新发现的文字内容公开出版。与新增加的信息共同再现的吉尔伽美什国王的冒险，简直就是活生生的破坏森林的例子。吉尔伽美什国王与他的盟友野人恩奇都一起远征黎巴嫩的山区，去讨伐森林守护者胡姆巴巴。他们把森林的树木全部砍光，导致森林枯竭。两个年轻人的行为触怒了神明，其中一人还因此丧命。虽然人类没有吉尔伽美什国王那样极端，但很大程度上人类从古代开始便把森林当成征服的对象。但当文明发展到一定程度时，人类在砍伐树木的同时，也开始种树和造林的行为。这就是植树造林。

保存至今的植树造林记录

世界上最早的植树造林是在何时何地进行的呢？在日本，约 1 500 年的奈良吉野杉植树造林是最早的例子之一。比这更古老的是在日本青森县三内丸山遗址周边经过人为选择的日本栗的树林。这片日本栗树林的存在得到了考古学资料和分子考古学数据的支持。《日本书纪》中也有非常有意思的记载：鼓励人们将种子撒向山野，增加能结出坚果的树木数量。联合国粮食和农业组织的报告中提到的古代植树造林的例子全部都来自亚洲。在中国，约公元前

2000 年，出于宗教礼仪或观赏目的，人们很可能就已经开始栽培果树和松树了。周朝、汉朝和唐朝时期也有相关记载。宋朝甚至有播撒种子恢复森林的活动。森林生态学家埃文斯认为，人类最早的植树造林是青铜时代在古希腊对木樨榄树的种植，但是找不到古代西方世界植树造林的记录。日本森林新闻工作者田中敦夫调查后找到了神圣罗马帝国 1363 年使用松树、日本冷杉、白桦的种子培育"神圣罗马帝国森林"的记载。

既看森林又看树木

通过插枝繁育的树苗形成的森林中，树木全部都是遗传背景完全相同的克隆体。人工林的种植无非就是制造克隆森林。在观察森林的时候，要分辨在那里生长的树木是原始生长的还是克隆的。如果没有这样的认识，就会只看森林不看树。

但在自然界中也有整个森林全都是一个克隆体的情况。竹林可以看成是所有个体在地下通过根相连的一个生命体，寿命 60 年或者 120 年。美国犹他州被称为潘多的 43 万平方米的银白杨森林也是所有树木的根都相连的一个生命体，但已经生存了 8 万年。

151 日本江户时代后期发生在日本木曽、飞騨等地砍伐及运输木材的情形。1665 年以后，日本木曽地区开始禁止过度砍伐森林，并向可持续发展的造林转变。虽然当初在砍伐之后并没有进行积极的植树造林，但是砍伐过后的土地上生长的日本扁柏让人们看到了这一变迁。

152 即使是植物的克隆体，其生长速度和寿命也会由于周围环境条件的不同而产生差异。在日本宫崎县日南市的日本柳杉实验林中，可以看到"麦田圈"。这种现象是克隆树木的生长差异造成的。

知识进阶

造林就像时间跨度很长的农耕

无论为了建材还是果实，有特定用途的森林，与农作物一样肯定会被砍伐。这样看来，造林与时间跨度很长的农耕是一样的。"收获"之后，如果人们认为已经达到了目的，就不会再继续造林。因此，过去植树造林所形成的树木保存到现在的少之又少。斯里兰卡的僧伽罗王朝时期（公元前 543 年）就有农民在自家院子里种植树木的记载，杜图珈摩奴王朝时期（公元前 161—前 137 年）有造林和制定保护森林规则的记载。在这一地区现存的树木中，就有公元前 220 年栽种的圣树菩提树。

被守护至今的巨树
与独自存活至今的巨树

世界各地都有数千年来幸免于环境变化、
病虫害和砍伐的长寿树木。

独自存活的巨树

饱经沧桑存活至今的长寿树木可以分成两类。第一类是远离包括人类在内的"加害者"，并远离物理或生物"加害因素"的长寿树木。比如日本屋久岛的日本柳杉，1966 年发现于山林深处，推测树龄在 2 700～7 000 年。这棵树的外部组织经年代测定的年龄为 2 700 年，但是树芯组织的年龄并没有进行采样测定。这棵长寿树木与日本群岛其他的日本柳杉一样，并没有因为长成了巨树而存在遗传上的差异。自古以来，人类都是终结树木寿命最主要的原因，而这棵树之所以没被发现，是因为其生长地隐蔽。

病虫害少的严寒环境似乎也更有利于树木的生存。在北欧低温的环境中，松科植物欧洲云杉（*Picea abies*）的地下部分甚至可以存活 9 500 年。在高原环境中，比如生长在智利安第斯山脉的柏科植物智利乔柏群落中，最大树龄超过 3 600 年。原本欧洲人并不知道智利乔柏这一树种的存在，是达尔文乘坐"小猎犬"号航海时才发现的。智利乔柏的属名 *Fitzroya cupressoides* 源自"小猎犬"号船长的名字罗伯特·菲茨罗伊（Robert FitzRoy）。

被守护至今的巨树

第二类长寿树木是人类出于特殊的理由世代相传并守护至今的树木。最古老的例子就是生长于伊朗的一棵柏木属地中海柏木，传说由琐罗亚斯德教创始人亲手栽种。据说这棵树在《马可·波罗游记》中有记载。有人推测它的树龄超过 4 000 年，但有些伊朗的森林研究者认为其树龄应该在 2 700～2 850 年。如果后者可靠的话，那么琐罗亚斯德亲手栽种这棵树的传说就不成立了。但不管怎么样，这棵树被神化后守护至今的事实不会改变。

日本也有很多植树的传说以及被守护至今的树木。比如，日本福冈县的香椎宫是纪念仲哀天皇和神功皇后的庙宇。这里生长着传说是神功皇后亲手栽种的绫杉，推测树龄为 1 800 年。《新古今和歌集》中也有吟唱："香椎宫的绫杉，作为香椎之神的神树挺拔耸立。"

至此，我们介绍了木樨榄、柏林等几种被古代文明神化的树种。个体的人的寿命虽然非常短暂，但通过世代传承，仍然可以实现对树木的长期保护，从而让树的生命远远超过人的寿命。

153 马可·波罗亲眼所见的巨树。
也有传说认为，这棵树并非琐罗亚
斯德栽种，而是其子雅弗栽种。

154 日本香椎宫的绫杉。关于香
椎宫的编年体文献中记载了自 765
年以来，日本僧人将绫杉加入"不
老泉"的泉水中进贡给日本朝廷的
事情。

日本被守护至今的树木

蒲生八幡神社的大樟树（日本鹿儿岛县）：推测树龄
1 500 年，树干周长 24 米，是日本最大的巨树。传说
这棵樟树是因宇佐八幡宫神谕事件（769 年）而被流放
的和气清麻吕手持的木棒插入地面后扎根长成的。与围
绕日本皇族血统的传说相辅相成，这些传说将这棵树的
存在神化了。

八坂神社辖地里的日本柳杉之大杉树（日本高知县）：
推测树龄超过 3 000 年。传说是日本神话中的风之神
素戈呜尊所种，被日本百姓视为神圣之物。

八剑神社的大银杏树（日本福冈县）：推测树龄 1 900
年，传说是日本武尊讨伐熊袭时在远贺川河口停留，作
为与砧姬结合的见证而栽种的树。

第5章

植物被植物猎人带到世界各地

（大航海时代与工业革命时期）

欧洲人以未知大陆为目标向着汪洋大海扬帆起航的时刻，对植物来说无疑就是冒险旅程的开端。很多植物都在欧洲人的惊叹中被引入欧洲。这一章让我们一窥在人类对植物的认识和利用日新月异的时代中，植物对人类社会产生的影响。

人类成了卓越植物的
"搬运工"

按照欧洲人的观点，欧洲船队寻找新的贸易路线的 15—17 世纪被称为地理大发现时代。然而，专门研究拉丁美洲历史的日本史学家增田义郎将这个时代命名为大航海时代。因为在被西方人"发现"之前，美洲大陆和大洋洲岛屿上就已经有人生活了。所以，这个着眼于人们往来变得更加频繁的名称能更准确地反映时代的本质。大航海时代的开始与一系列技术的发展有很大的关系，比如指南针传到欧洲，欧洲建造大型帆船的技术成熟，速度也快。这一时期，在地中海贸易起步较晚的西班牙和葡萄牙向非洲和亚洲各地都派遣了探险队，大航海时代正式开始。

特别是 1498 年，达·伽马经由好望角的海上航道到达了印度。这也成为时代的转折点。此次航行首次将印度产的香辛料带到了欧洲。同时，西班牙资助哥伦布率领圣玛利亚号旗舰横穿大西洋，1492 年到达西印度群岛。1500年，葡萄牙的舰队到达巴西，并宣示了领土主权。英国和法国分别于 15 世纪末和 16 世纪初到达北美大陆，随后便开始了对北美大陆的探索。16 世纪 20 年代，麦哲伦的舰队在环游世界的航行途中横跨大西洋和太平洋，到达了菲

律宾。就这样，欧洲的舰队从东西两个方向到达亚洲，加速了人类的环球旅行。这意味着人类作为植物"搬运工"的能力得到了增强。

一个有代表性的人物

这个时代有几个最典型的"植物猎人"，其中最有代表性的应该是与日本有着渊源的西博尔德。他曾以日本长崎出岛的荷兰商行医生的身份到访日本，所以很多人以为他是荷兰人，但实际上他是出生于维尔茨堡的德国医生。当时的日本幕府因为也以为他是荷兰人，所以都是以荷兰人的标准接待他。后来幕府得知他并非荷兰国籍，怀疑他是间谍，于 1829 年将他驱逐出境了。

就在幕府决定将其驱逐出境之后，西博尔德作为植物猎人的本领得以发挥。他竭尽所能地在船上塞满植物和其他藏品。他将在日本采集的 500 棵活体植物，2 000 件植物标本，其他可能有博物馆收藏价值的物品也都全部带回了欧洲，并带到了荷兰的莱顿大学。莱顿大学为了更好地保护这些珍贵的植物资料，专门建造了

植物园，为此还成立了荷兰皇家园艺奖励协会，建成了研究西博尔德所收集植物的基地。很多植物在这里分株后送到了欧洲各地。

西博尔德收集的植物之所以能够被欧洲人广泛接受，不是没有原因的。当时，来自国外的珍贵植物几乎都产自热带。这些植物要是在欧洲培育的话就必须有温室。因此，能够栽培这些植物的仅限王公贵族阶层。而日本和欧洲都处于温带，在日本采集的植物基本上都可以直接在欧洲露天栽培，只要稍微有点经济条件的人都能栽培。因此，这些植物受到热烈的欢迎。也正是因为西博尔德看到了这种巨大的潜在需求，才竭尽所能带回更多的植物。

在大航海时代，西博尔德的轨迹象征着通过海上航线将欧亚大陆东西两端相连，同时也象征着"植物群落"通过人的交流在地区之间互通有无的时代大幕已经拉开。在这之后，正如日本人可以根据植物的变化来感受四季的迁移那样，欧洲人也开始享受植物随四季交替的变化了。然而，也正如西博尔德所筹划的那样，大航海时代以后的欧洲，迅速进入了植物产生巨大财富的时期。

东西围栏拆除后发生的事情

本章的前半部分首先会介绍投机资本流入植物世界的时代发生的轶事，包括郁金香泡沫、贵族们追求兰花，以及改变了大英帝国的政治、经济和文化的东方茶叶。然后会讲述涉及大航海时代核心问题的香辛料、香草、烟草的故事。最后就是去往热带的西方人遭遇的新疾病，以及为了治愈疾病而向当地人学习运用植物毒素的故事。本章的后半部分主要介绍随着工业革命的开始，世界海洋霸权争夺的主导权由伊比利亚半岛的两个国家转移到大英帝国的时代背景下，近代植物学的发展，并聚焦满足工业革命下诞生的染色技术需求而成为主要工业产品的纤维植物。章末以植物为关键词，将日本作为案例，解读了在西方兴起的日本热和在艺术领域诞生的"日本主义"艺术流派，为消除东西方隔阂的时代画上了句号。

155 郁金香。

植物猎人：
带动了世界和经济运转

第1章
人类诞生之前

第3章
农耕文明时期

第4章
大航海时代之前

第5章
大航海时代与工业革命时期

第6章
工业革命之后

结语
植物与人类的未来

20 世纪后半叶，美国集当时尖端科学技术建造了"奋进"号、"发现"号和"挑战者"号航天飞机。太空开发是必须有国家预算投入才有可能付诸实施的宏大事业。而大航海时代的大型帆船所组成的船队的航行，同太空开发一样，是国家主导的宏大事业。

成就了大航海时代的植物猎人

想了解海洋对岸完全未知的世界，就要开发新航线并进行地理考察探索，大航海时代的远洋航行是国家支持的宏大事业，西班牙和葡萄牙率先取得了成功。英国在 18—19 世纪集当时科学技术精髓建造并购买了诸多大型帆船（包括后期的蒸汽机船），并以女王的名义组建了船队，派往世界大洋。也就是说，为了树立大英帝国的威信，他们向世界各地派遣了包括库克船长的"奋进"号、"发现"号和"挑战者"号等帆船探险队。果然，这些壮举得到了全世界的瞩目。花费巨额经费派出的探险队，带回了有巨大利润的新奇植物和香辛料，实现了成本的回收和增值。

采集植物是国家任务

在 17—19 世纪的欧洲，珍贵的植物总是来自遥远的异国他乡，而且掀起了疯狂的植物热潮。这些植物大多数产自热带，必须有特殊的设施才可以栽培。由于欧洲也是处于温带地区，来自温带地区的植物，需求量相对更多，在市场上会被炒到更高的价格。后文介绍的郁金香泡沫，可以说开启了将特定植物以颠覆常识的高价进行投机买卖的时代。本章在这之后介绍的每一种植物都引发过热潮。郁金香投机之后的是风信子投机。风信子的价格瞬间高涨，但当产量增加后便回落了。蔷薇和兰花被称为亚洲的活宝石，它们新品种的价格也是不断大起大落地波动，呈现了植物市场的活跃景象。

当时市场上流传着一条投机经验——新引进的植物价格最高。因此，英国的舰船上一定会有植物专家，使得植物采集的效率得到了极大提高。这样看来，包括达尔文在内，与国家探险队同行的植物学家们称得上是国家任命的植物猎人。

郁金香：
世界上首次泡沫经济的主角

基本信息

郁金香属（*Tulipa* L.），百合科
原产地：土耳其、安纳托利亚地区
主要分布地区：世界各地

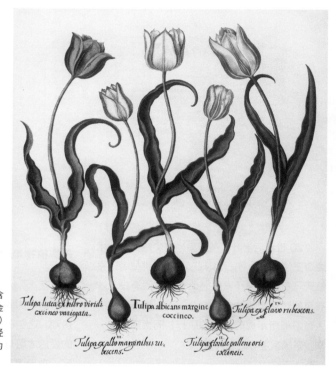

156 据说郁金香属包含 50～114 种。林生郁金香（*Tulipa sylvestris*）在欧洲全域和北美已经本土化，应该都是人为引入的。

宛如宝石般的异国花朵

泡沫经济往往被认为是现代特有的经济过热现象，但其实历史非常悠久。泡沫经济的案例包括 20 世纪前半叶造成世界恐慌的美国股票投资热潮与股市暴跌、18 世纪前半叶英国南海泡沫事件，以及 17 世纪前半叶荷兰的郁金香泡沫。

17 世纪的郁金香泡沫是世界上第一个泡沫经济，也是历史上罕见的投机资本流入植物市场的有时代特色的轶事。郁金香泡沫指的是，郁金香球根作为奥斯曼帝国的园艺植物被引入欧洲后不久，其价格在短时间内暴涨，在吸引

了众多买家之后又突然暴跌的事件。在价格最高峰时，一个球根的交易价格甚至达到了一个熟练工人年收入的 10 倍，但当泡沫破裂时，据说价格下降了 99.9999%。

20 世纪 80 年代以后，经济学家们纷纷指出，这一现象并不是泡沫经济，只是稀有作物具有的波动性的价格变动。然而，如果将价格变动较大的其他农产品的平均年降价率（40%）和郁金香的进行比较，相对价格比差 6 万倍。也有人指出，并不能简单用波动性一词来解释这一现象。

157 讽刺郁金香泡沫时期的版画。该画描绘了向手持郁金香的花神芙罗拉聚集的人群。郁金香交易是不以现货而以证券形式交换的期货交易，也曾被称为"风之交易"。

158 那个时代以最高价格交易的郁金香品种是"永远的奥古斯都"。此图是一个花瓣有白色条纹被称为碎色（broken tulips）的郁金香品种，曾以高昂的价格交易，后来人们才知道白色条纹是由蚜虫传播的病毒造成的。

第1章 人类诞生之前

第2章 农耕文明之前

第3章 农耕文明时期

第4章 大航海时代之前

第5章 大航海时代与工业革命时期

第6章 工业革命之后

结语 植物与人类的未来

期货交易与衍生品

郁金香泡沫的背景是这样的：那个时候在荷兰进行郁金香的球根交易时，交易者即使没有现货也可以通过信用交易的方式以"未来价格"完成球根的买卖，这样的期货交易已经非常普遍。

与现在不同，17世纪的荷兰植物市场上还没有来自南半球的商品，所以季节性非常明显。郁金香的球根上市时间是6月到9月，这是因为4月到5月开花期之后才可以收获球根，而过了9月就又到了种植的时期。在期货交易中，即使收获时球根的价格已经暴跌，买方也要按照约定好的价格买入。虽然对于买方来说风险很大，但是买方通过游说政治家们，拥有了法治化规避风险的方法，也就是在球根市价暴跌时，只要支付一定的手续费，就可以取消交易。期货交易变得可以规避风险后，买方就不会再因为高价签约买入而犹豫不决，所以郁金香球根的价格在泡沫破裂之前一直持续增长。

此外，为了提前将农产品的"未来价格"可视化，1730年在大阪的堂岛大米市场就有过期货交易。

兰花：
贵族身份的象征

//

基本信息

宽唇卡特兰（*Cattleya labiate* Lindl.），兰科卡特兰属
原产地：中美洲和南美洲
主要分布地区：现在作为观赏植物世界各地都有栽培

Orchideae. — Venusblumen.

159 这是德国生物学家恩斯特·海克尔（Ernst Haeckel）在其著作《自然界的艺术形态》中所描绘的兰科植物群落。与达尔文一样，思考演化问题的研究者都会对兰花非常感兴趣。

在行李中盛开的一朵宽唇卡特兰

那时人们经常会把植物用作包装材料。作为牧草的车轴草，日文名叫白打包草（白车轴草）和紫打包草（红车轴草），是因为这种草在过去被用作打包的材料，也就是所谓的"打包草"。英国植物猎人威廉·约翰·斯温森（William John Swainson）在 1818 年准备将采集的珍贵的热带植物从里约热内卢送往伦敦时，用不太珍贵的寄生植物当打包草进行了包装。意外的是，当包裹到达伦敦时，其中一种作为打包草的植物居然开花了。这也是伦敦的人们第一次看到卡特兰属植物的花。

这种花令人叹为观止的美在欧洲掀起了一股兰花热潮。在暴利的驱使下，欧洲各国梦想一

夜暴富的兰花猎人开始拿起武器前往南美洲、非洲和东南亚的热带森林腹地，进入那些更加危险并且前人未曾到达过的地方。结果，由于遭遇猛兽、意外事故、感染、与当地人发生纠纷、与竞争对手之间的冲突等，很多人都在这个过程中丧命。阿尔伯特·米利肯（Albert Millican）也是这些不顾生命危险的兰花猎人之一。他不仅是画师，还会写作。他作为兰花猎人的远征记录《一位兰花猎人的旅行和冒险》（*Travel and Adventures of an Orchid Hunter*）被当作冒险小说出版了。他的记录至今仍向人们传达着当时的那种对兰花的狂热。

160 该图引自《欧洲的温室与庭园植物志》。这本书共 23 卷，介绍了 2 000 种植物并配有彩色版画。

READY TO ENTER THE FOREST.

161 该图是阿尔伯特·米利肯所著《一位兰花猎人的旅行和冒险》中全副武装进入森林的兰花猎人。书中还提到猎人们会准备护身用的小刀、弯刀、左轮手枪、步枪。

想要兰花！那是最高社会地位的象征

日本学者、法国文学研究者鹿岛茂写过一本书叫《想要买马车：19 世纪巴黎男性的社会史》，书中说 19 世纪法国小说中出场的青年们有一个共同点，那就是他们因为向往社会地位而都想要买马车。同样，19 世纪欧洲富裕阶层追求的更高的社会地位就体现在拥有温室。这可是比拥有马车更加困难的最高等级社会地位的象征。而在这些温室中栽培的就是热带植物和像柑橘一样生长在温暖地区的植物。其中最受欢迎的就是被称为植物宝石的兰花。

比利时园艺学家路易斯·贝努瓦·范豪特（Louis Benoît van Houtte）实现了贵族们这种"想要温室"的梦想。范豪特原本只是普通的园艺爱好者。1832 年他与同事一起创立发行了既是学术期刊又与园艺相关的行业期刊《比利时园艺》。他自己也作为植物猎人在巴西待了两年左右。在那之后，他将热带植物带回比利时，不仅开设了以售卖种子和幼苗为目的并配备了温室的栽培园，还创办了园艺学校。范豪特的事业进展顺利，于是又创刊发行了既是学术期刊又是植物名录的《欧洲的温室与庭园植物志》，主要内容是用彩色插图介绍他在栽培园中培育的植物。

西博尔德从日本带回的植物大部分都被收录在了该杂志中，这是因为范豪特是从西博尔德那里接手的育苗园（在范豪特过世后，该育苗园一直经营到 1900 年）。大黄花虾脊兰学名是 *calanthe sieboldii*，属于日本虾脊兰植物中的一种，也是西博尔德采集的兰花中比较有名的一种。1870 年，在范豪特晚年，他的植物栽培事业已颇具规模，栽培园的占地面积有 14 公顷，大型的温室有 50 座。

第 1 章 人类诞生之前

第 3 章 农耕文明时期

第 4 章 大航海时代之前

第 5 章 大航海时代与工业革命时期

第 6 章 工业革命之后

结语 植物与人类的未来

茶：
英国为之发动了鸦片战争

//

基本信息

茶（*Camellia sinensis*），山茶科山茶属
原产地：中国西南部（云南省）、缅甸、老挝、
越南靠近边境的照叶林带
主要分布地区：广泛分布于亚洲温暖地区

162　茶树是山茶科山茶属的植物，常绿的低矮树木。野生茶树有的可以长到10米左右。变种的普洱茶可以长得更高，叶子也更大。

孕育饮茶习俗的照叶林农耕文化

植物学上的茶是指茶树叶，与某些名字中带"茶"字的饮料不同。茶有来自茶树的狭义的茶以及广义的茶。大麦茶、薏仁茶是用烤过的谷物制成的饮料，还有一些茶是用茶树之外的植物的干燥叶子的饮料，在广义上都被称为茶。

从世界范围来看，饮茶的风俗绝大多数集中在印度北部到亚洲东部地区的照叶林农耕文化圈。在印度东北部的锡金邦，杜鹃花科越橘属、马醉木属和白珠茶属的植物以及无患子科槭属的花楷槭等许多植物，都是人们喜欢喝的

广义的茶。在与之接壤的不丹，杜鹃花科杜鹃属的植物也被人们作为茶的替代品饮用。树龄超过3200年的古茶树——香竹箐茶祖树所在的中国云南省，除了本来就作为茶饮用的茶树，人们还将亲缘关系较近的山茶属、苹果属、梨属、火棘属、绣线菊属，甚至鸡桑、垂柳、荚蒾属（甜茶）、马桑绣球用来代替茶或者作为茶饮用。照叶林农耕文化圈里的人们从诸多植物的叶子中选出具有放松神经的药理作用的种类，开创了安逸享受的风土文化。茶树也是在这个过程当中被发现的。

THE "BOSTON BOYS" THROWING THE TAXED TEA INTO BOSTON HARBOUR.

163　发生于 1773 年 12 月的波士顿倾茶事件是美国独立战争的标志性事件之一。装扮成印第安人的波士顿市民潜入英国的船中，一边大喊"把波士顿港变成茶壶"，一边把茶叶箱扔进了海里。

第1章
人类诞生之前

第2章
採耕文明之朝

第3章
农耕文明时期

第4章
大航海时代之前

第5章
大航海时代与工业革命时期

第6章
工业革命之后

结语
植物与人类的未来

被茶叶俘虏的英国暴行

有一本由日本作家江国滋和林望等人联名写的书叫《哈英一族》。英国似乎具有把来英国留学和旅游的人都变成"哈英一族"的文化力量。这本书的作者也毫不避讳地宣布自己是"哈英一族"。但透过英国围绕茶叶发生的几起事件，无论怎么看都是英国的错。特别是 19 世纪前半叶的鸦片战争就是以茶叶贸易为开端的。有人会将焦点放在引发战争的"茶叶的魔力"上，但是仔细审视这一事件，我们就会发现，作恶的不是茶叶，而是英国。

中国的茶叶最早传入欧洲是通过荷兰与明朝贸易的往来。后来，荷兰垄断了与清朝之间的茶叶贸易。而英国为了能够直接从中国进口茶叶就发动了与荷兰的战争。这也是英国所挑起的第一场与茶叶有关的战争。独占了与清朝

之间茶叶贸易的英国，为了满足本国对茶叶的爆发性需求而大量进口，结果陷入了巨大的贸易赤字。英国为了消除贸易赤字，向清朝出口了鸦片。并且，为了阻止清朝禁鸦片，英国还诉诸武力。借助这场不正义的战争，英国不仅获得了自由贩卖鸦片的权利，还从清朝手中夺走了香港。还有一场战争是以茶叶命名的波士顿倾茶事件引发的美国独立战争。英国议会决定对在殖民地美国消费的红茶征税，遭到了移民们的强烈反对，一部分市民在波士顿港"点燃了反对英国的狼烟"。回顾一下这些与茶相关的事情，不禁让人感叹传到欧洲的茶真的有魔力。在英国人品尝到放了糖的红茶的甘甜后，英国从一个"绅士国度"变得为了茶叶发动战争。可见，茶叶的魔力确实不容小觑。

164　可可果。

烟草、咖啡和香辛料：
刺激人类感官的植物

第1章 人类诞生之前

第3章 农耕文明时期

第4章 大航海时代之前

第5章 大航海时代与工业革命时期

第6章 工业革命之后

结语 植物与人类的未来

植物是药效成分的宝库。植物除了会产生维持生存需要的初次代谢物，还会产生丰富多样的次生代谢物，很多次生代谢物对人类来说具有药效成分。即使是现在，仍然有很多植物成分的药用效果在等着人们去发现。古代医学的流派，无论是东方还是西方，其基础都是有关各种草药的知识体系。在西方，受希波克拉底草药医学的影响，人们建立了植物园作为草药标本园，植物学得到了发展。在东方，人们也找到了很多有药效的植物（草药），甚至编制了根据症状将多种草药混合使用的药方，并据此制成药剂给病人使用。草药的种类有几百种。

植物的次生代谢物和药物

药效成分与药物是两个不同的概念。药物一般用于疾病治疗、预防、症状缓解等，有的可以通过提取植物中的药效成分制造而成。像烟草中的尼古丁这样的神经毒素，在适当的浓度下也可以起到药物的作用。源自金鸡纳树的奎宁对于某些疾病有特殊的疗效。植物产生的生物碱等次生代谢物，结构和活性多样，很多

种类都非常有用。很多药还是由植物直接加工制成的。

味觉、香辛料和调味料

第4章提到了中国古代的五行。这个观点在中国医学里同样适用，比如中药就与五行有关。非常有意思的是，中医中咸、酸、苦、甜和辣这些味觉可以通过五行与具有药效的植物相关联。人们在喝咖啡和茶的时候，不仅仅是为了享受它们的风味，还有驱散困意、让心情更加舒畅的目的。植物的成分之所以可以刺激我们的感官，应该就是因为我们的细胞里具备这些成分（化学物质）的受体。这样看来，很多香辛料并不只是单纯起到防腐和去除异味的作用，可以说它们是植物，却含有刺激特定受体的化学物质。

香辛料和调味料究竟是什么？我们可以认为它们是特殊的食材，含有高效刺激味觉相关受体的化学分子。当然，有很多香辛料除刺激味觉之外还可以作用于神经系统。我们要将它们的作用区别对待。

番红花：
从古至今的安神魔力

基本信息

番红花（*Crocus sativus* L.），鸢尾科番红花属
原产地：克里特岛和伊朗高原
主要分布地区：伊朗

165　收集1公斤干燥的番红花需要6万朵花。目前，番红花的价格为每公斤1万美元，比黄金还贵。

高价收购稀少的香辛料

历史上推动欧洲各国迈入大航海时代的原动力，可以说就是对香辛料的渴望。1519年，麦哲伦舰队从西班牙出发时原本由5艘船构成，其中只有一艘在环绕世界一周后回国。但是满载丁香蒲桃的返航仍被视作凯旋。在大航海时代，从印度大量收购的胡椒到了威尼斯价格居然涨到了原来的18倍。那个时候，香辛料的交易价格非常高。

番红花是世界上最古老的香辛料，其栽培历史也很悠久，其原始野生种已经灭绝。关于番红花的起源有多种说法，最有说服力的是起源于青铜时代的克里特岛（米诺斯文明）。本书认为，公元前3500年之前，连接伊朗到克里特岛的狭长地带中自然生长的两个近缘种卡莱番红花（*Crocus cartwrightianus*）和美丽番红花（*Crocus thomasii*）被人们选中之后，栽培成了现在的番红花。

番红花是专门用于上色、刺激性较弱的香辛料。其最大的魅力在于主要成分胡萝卜素和番红花素的颜色。在番红花最早的文字记录《荷马史诗》中，就有将其作为染料的记载。在米诺斯文明中，只有尊贵的女性才能穿由番红花染色的衣服。

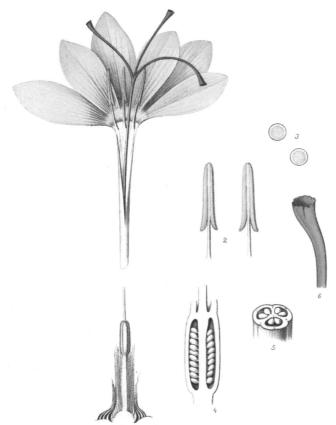

166　三根长长的红色雌蕊柱头和花柱晒干后成为香辛料。因为这种植物是三倍体，形不成种子，所以繁殖都是靠人工栽种球根。从公元前开始向全世界传播的番红花全部都是克隆体。

第1章　人类诞生之前

第2章　采集狩猎时期

第3章　农耕文明时期

第4章　大航海时代之前

第5章　大航海时代与工业革命时期

第6章　工业革命之后

结语　植物与人类的未来

召唤人类的番红花之谜

　　番红花是一种不可思议的植物。尽管结不出种子，但结种子的器官（花）比其他任何部位都要发达，叶子的生长则是次要的。不需要授粉的番红花，究竟是为什么要顶着三根特色的红色细长雌蕊招摇呢？

　　被番红花召唤而来的不是昆虫，而是史前人类。人们为了收获更多不能靠种子繁殖的番红花，通过辛勤劳作让番红花开遍了从地中海到伊朗高原的地区。现如今，番红花已经传播到了全世界。在古代的地中海地区，番红花在宗教的影响下，与心理、精神上的感受联系在一起。现在人们已经知道，番红花具有很多药用效果。根据卡菲等人的著作，在一两个世纪前的富裕阶层中已经有人发现，过量食用番红花会产生轻松、快乐的感觉，并逐渐流行开来。番红花在那个时候或许已经是解决心理问题一种手段。

　　近年来，伊朗作为番红花主要的生产国，其科学家们对番红花及其提取物开展了与心理健康有关的临床研究，特别是在抑郁症、强迫症、注意缺陷多动障碍的改善以及阿尔茨海默病的预防和症状改善等方面，取得了许多有积极意义的研究成果。这些研究表明，以上效果都与番红花提取成分相关，这些成分显示了在神经细胞中多巴胺再摄取抑制、NMDA 受体拮抗、GABA 受体激活中的作用。正是这样的药理作用，才是自古以来番红花吸引人类的真正魅力。

137

烟草：
"新旧大陆"的邂逅和交易

基本信息

烟草属（*Nicotiana* L.），茄科
原产地：南美洲热带地区
代表种：烟草（*Nicotiana tabacum* L.）

167　烟草属植物包含 64 个野生种和两个栽培种（烟草和黄花烟草）。

Tabacum latifolium.

作为万能药传播的烟草

美洲大陆发现之后，马铃薯、番茄、辣椒等茄科植物极大地改变了世界农业。除此之外，原产于南美洲的烟草也是对人类历史影响巨大的茄科植物。尽管烟草属于危险的植物，能积累有毒的生物碱，但它随着"新旧大陆"的邂逅，作为嗜好品传播到了全世界。

无论是欧洲人发现美洲大陆之前烟草在南北美大陆的栽培和普及，还是之后烟草向欧洲的快速传播，都是因为烟草给人的精神带来了放松、注意力集中以及提神等显著的效果。1560 年左右，在葡萄牙看到烟草的法国公使杰恩·尼古特（Jean Nicot）意识到烟草的价

值，开始自己在草药园里栽培。据说他还将烟草进献给宫廷，用鼻烟治好了凯瑟琳·德美第奇（Catherine de'Medici）的头痛。尼古特的名字不仅成了尼古丁（nicotine）这种生物碱的名字，还存在于烟草的属名（*Nicotiana*）中。

将烟草的医学作用发扬光大的是西班牙南部塞维利亚的医生尼古拉斯·莫纳德斯（Nicolas Monardes）。他自己栽培烟草，1571 年在《药草志》中说明了烟草的药效，并将其形容为万能药。这一著作在随后的 200 年间被翻译成欧洲各国语言出版并多次再版。

168 烟草可以开出非常漂亮的花，有观赏作用，还可以用于大气污染的监测。由于近年来的法律修订，日本人可以在自家种植观赏用的烟草。

第1章 人类诞生之前

第3章 农耕文明时期

第4章 大航海时代之前

第5章 大航海时代与工业革命时期

第6章 工业革命之后

结语 植物与人类的未来

当烟草细胞吸烟时会发生什么

人脑中存在尼古丁受体，当人吸入尼古丁后，大脑能够分泌产生愉悦感的多巴胺、促使头脑清醒的去甲肾上腺素、稳定情绪的血清素等神经递质。虽然烟草有药理作用，但人们更加担忧烟草对健康造成的危害。1585 年参加北美弗吉尼亚探险的技术人员兼翻译托马斯·哈里奥特（Thomas Harriot）在《弗吉尼亚报告》中介绍了当地人有使用烟斗抽烟草的习惯。于是他自己也开始吸烟，随后便患病了，多年后因鼻癌去世。

实际上，人肺部的培养细胞暴露在香烟的烟雾中就会死亡。致使细胞死亡的成分究竟是什么呢？有可能尼古丁的影响太大，掩盖了燃烧产生的有毒物质的影响。于是，笔者和同仁进行了"如果让烟草也吸烟的话会发生什么"的实验。烟草可以制造并储存大量尼古丁，那么烟草的细胞能够耐受香烟的烟雾吗？

结果，暴露在烟雾中的烟草的细胞也死亡了。经过详细分析发现，烟草的叶子燃烧后形成的一氧化氮才是造成细胞死亡的诱因。此外，由于烟草一直都是重要的作物，很多植物研究者都将其作为实验对象。其中特别有名的就是日本专卖公社时代培育出的烟草培养细胞BY-2。全世界的研究机构培养了半个多世纪，使其成为植物的模式细胞。

罂粟、大麻和古柯树：
从混乱到清醒

//

基本信息

罂粟（*Papaver somniferum* L.），罂粟科罂粟属
原产地：推测为希腊和东欧
主要分布地区：大航海时代后扩展至世界各地

大麻（*Cannabis sativa* L.），大麻科大麻属
原产地：中亚
主要分布地区：世界各地

古柯树（*Erythroxylum coca*），古柯科古柯属
原产地：南美洲
主要分布地区：世界热带地区

Papaver somniferum

169　在罂粟还没有成熟的
果实上弄出伤口，就会流出
乳液，从中可以提取鸦片。
由鸦片精制而成的吗啡可以
作为镇痛药和镇静剂，是医
疗必需品。

被当成贸易种子的罂粟果

大航海时代后，罂粟的传播有了巨大的变化。主导贸易的西方列强形成了三角贸易模式。所谓的三角贸易是指，在东南亚、印度和美洲大陆大量种植并加工原料作物，然后在另一大消费地销售的商业模式。西方列强不在本国种植这些植物，也不在本国消费制成品，只专注于贸易。臭名昭著的鸦片的原料就是罂粟。

罂粟也是被古希腊植物学创始人狄奥弗拉斯图记录并命名的植物之一（属名为 *Papaver*）。希腊的考古学家阿斯基托普洛斯等人发现了古希腊米诺斯文明的人们栽培罂粟，食用其种子，并将其作为药物使用的痕迹。考古学资料表明，罂粟作为能够让人忘却疼痛和痛苦，也能带来愉悦感的药物，不仅仅古希腊，在很多古代文明中都曾使用过。

鸦片战争前后，英国开始从种植于印度的罂粟果中提取成分制造鸦片。鸦片的主要成分就是有成瘾性的吗啡。罂粟就这样变身成了更加危险的植物，跨越东西方之间的海洋，扩散到了全世界。

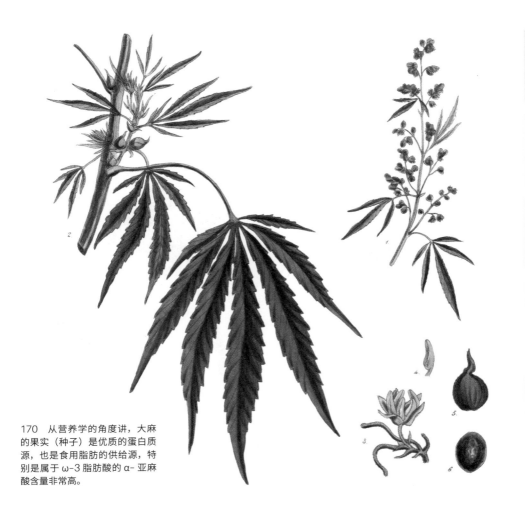

第1章 人类诞生之前

第2章 农耕之前

第3章 农耕文明时期

第4章 大航海时代之前

第5章 大航海时代与工业革命时期

第6章 工业革命之后

结语 植物与人类的未来

170 从营养学的角度讲，大麻的果实（种子）是优质的蛋白质源，也是食用脂肪的供给源，特别是属于 ω-3 脂肪酸的 α- 亚麻酸含量非常高。

能食用、能制造纤维的大麻

自古以来，人们都以食用和制造纤维为目的种植生长速度很快的大麻，但其原产地目前仍存在争议。之前的观点认为，其原产地为亚洲中部地区，但从花粉化石的分布来看，大麻于 1 960 万年前在中国青藏高原从近缘种分化出来并扩散到欧洲（600 万年前）和中国内陆地区（120 万年前）。考古学证据表明，其最古老的栽培例子在日本千叶（约 1 万年前，用于食用）和中国河南（约 7 850 年前）。

除了可以食用和制造纤维，大麻还具有非常强的药理作用。具有药理作用的生物碱被称为大麻素类，主要成分为四氢大麻酚。这种物质通过刺激大脑内的受体（大麻素 CB1 受体），诱发愉悦、镇痛、镇静以及抑制不安等药理作用。然而，人们很容易对这种物质产生依赖性，这种物质也有致幻作用，所以很多人认为应该慎重考虑其在医疗上的应用。习惯性使用会导致脑萎缩的风险大大增高。值得一提的是，即使是被动吸烟的人也会暴露于同样的风险中。

Fig 4. Red Poppy. (Papaver Rhœas).

171 罂粟可以开出具有鲜明特色的红花。其观赏品种也会开白色、粉色、黄色和橘色等各种颜色的花。即使是观赏品种，也大多可以用于制造鸦片。

172 在南美洲，人们习惯将古柯树叶子制成日常的茶（古柯茶）饮用。特别是在玻利维亚等高原地区，古柯茶在历史上还是应对高山反应的一种方法。

第1章
人类诞生之前

第3章
农耕文明时期

第4章
大航海时代之前

第5章
大航海时代与工业革命时期

第6章
工业革命之后

结语
植物与人类的未来

无论是成瘾性还是对神经产生的作用，都相对较低。

另外，还有一种叫白可拉的植物。它是锦葵科可乐果属植物，该属大约有250种植物自然生长于非洲的热带雨林中。由于其果实富含咖啡因，而且人们非常喜欢可拉果，所以很久之前便有人栽培。17世纪与奴隶一起从西非传播到南美洲的白可拉在牙买加被"发现"之后，欧洲人才开始对可拉果实物有所了解。从古柯树的日语名可口之树和白可拉的日语名可乐之树，很容易让人们联想到在全世界都非常受欢迎的饮料可口可乐。实际上，可口可乐确实曾包含了这两种植物的成分。在可口可乐上市的1886年前后，可口可乐是作为可以改善抑郁症、恢复精力的药物进行销售的。如果翻阅当时的相关文献就会发现，当时美国人使用含有可卡因的药物是很平常的，比如可卡因牙痛含片、可卡因花粉症冲剂等。但与此同时，也有很多患者发生了药物成瘾。美国南部还专门建造了疗养院来治疗酒精和药物成瘾的患者。这些关于罂粟、大麻和古柯树的故事，发生在人类刚发现植物成分，还不懂得合理利用的混乱时期。而作为可口可乐原料的白可拉，现在仍是尼日利亚当地人收入的重要来源。

成为麻药之前活跃一时的古柯树

古柯树自古以来就被人们用来获取天然的兴奋剂。据说古代印加帝国的人们以咀嚼古柯树叶子的方式应对安第斯山脉的高山环境。历史记录表明，西班牙军队入侵秘鲁时长期给被强制劳动的印第安人提供古柯树叶子。可卡因在古柯树中含量较高，但在其叶子中浓度很低，

植物中的生物碱：
大帛斑蝶的热带智慧

基本信息

金鸡纳属（*Cinchona* L.），茜草科金鸡纳属
原产地：南美洲
主要分布地区：南美洲、东南亚
同心结（*Parsonsia laevigata*），夹竹桃科同心结属
主要分布地区：热带到亚热带地区

173　金鸡纳树含有包括奎宁
在内的24种生物碱。汤力水
其实就是奎宁水。有人说英
国之所以能殖民印度，就是
因为他们喜欢喝金汤力，不
会得疟疾。

将剧毒涂到同伴身上艰难存活的蝴蝶

　　有一种蝴蝶可以不用躲避天敌优雅地飞来飞去。不可思议的是，这样优哉游哉的物种居然可以在生态系统中生存至今。这样的物种之所以不会被天敌捕食，是因为它们有属于自己的秘密武器。大帛斑蝶正是这种优雅的蝴蝶。这种大型蝶类分布于从东南亚到琉球群岛的热带和亚热带地区。其幼虫主要以夹竹桃科同心结属和鹅绒藤属的植物为食。

　　夹竹桃科中的很多植物都含有毒性很强的生物碱。曾有家畜因误食其落叶后死亡的事情发生。大帛斑蝶的幼虫对该物质不具有感受性，反而会主动将这些毒素储存在体内并长时期保持。不再进食该物质的成虫体内也含有这些生物碱，而且含量足以让捕食它们的动物致死。因此，学到这些知识的鸟类等蝴蝶天敌根本不会去捕捉大帛斑蝶。但实际上，究竟是天敌们真正学到了这些知识，还是没有学习能力的天敌都被淘汰了，还是它们本身就拥有感知生物碱存在并主动躲避的能力，人们不得而知。但毫无疑问的是，大帛斑蝶体内的毒素确实在保护着它们。

174 日本北九州市绿色公园热带生态温室中的大帛斑蝶。饲养大帛斑蝶，需要一年四季栽培同心结属植物。

175 18世纪出版的《英国药典》中已经出现了奎宁，图中为法语版，所以奎宁被写作 *Quinquina*，在英语中，奎宁曾被称为耶稣会树皮或秘鲁树皮。

从毒素到药物——奎宁

将植物中含有的生物碱摄入体内，从而保护自身免受天敌伤害的不只是大帛斑蝶。生活在热带森林中的秘鲁原住民部落也知道如何利用植物的生物碱来保护自身免受疟原虫的侵害。这种植物的药效成分是被称为奎宁的生物碱，对于疟原虫有特别强的毒性，是治疗疟疾的特效药，也是在第二次世界大战中保护丛林作战的士兵免受疟疾之苦的药物成分。作为制造奎宁原料之一的金鸡纳树的拉丁种名 *Cinchona officinalis* L. 是药用的意思。最早是西班牙秘鲁总督的妻子钦琼伯爵夫人（The Countess of Chinchon）将这种树木从秘鲁带回欧洲。植物学家林奈以伯爵夫人的名号为属名对这种植物进行了记述。但是不仅伯爵夫人名号的拼写是错误的，关于她的很多信息也是不准确的。因此，金鸡纳树药效发现的原委还有很多不明确的地方。有些传说可能揭示了这一过程的蛛丝马迹。其中一个传说是，一位少年在安第斯高山地带的森林中迷了路，可能因为疟疾发烧病倒了，当他喝了当时人们都害怕的毒树树液后，竟然奇迹般地康复并独自顺利返回了村子。

尽管起源并不清楚，但有记录表明，1630年前后耶稣会的传教士们已经使用该树木治疗热病。奎宁是人类利用植物生物碱治疗疾病的最早的成功案例，使用时间长达近4个世纪。生活在秘鲁森林中的人们将其他生物产生的毒素摄入体内，从而保护自身免受病原微生物的侵害，这种智慧与从微生物中发现抗生素是相通的。世界上诸多植物产生的生物碱类及其次生代谢物中，肯定还存在结构、生理活性以及代谢路径都不清楚的未知物质。今后肯定还会有新的植物药剂以及生理活性物质被发现。

第1章 人类诞生之前
第2章 农耕文明之前
第3章 农耕文明时期
第4章 大航海时代之前
第5章 大航海时代与工业革命时期
第6章 工业革命之后
结语 植物与人类的未来

形成咖啡馆文化的
咖啡、可可和香荚兰

///

基本信息

咖啡（*Coffea arabica* L.），茜草科咖啡属
原产地：埃塞俄比亚西南部的高原
主要分布地区：世界各地

可可（*Theobroma cacao*），锦葵科可可属
原产地：从中美洲到南美洲的热带地区
主要分布地区：作为种植园作物分布于世界各地

香荚兰（*Vanilla planifolia*），兰科香荚兰属
原产地：墨西哥、中美洲
主要分布地区：世界各地

176 咖啡因是咖啡中具有提神醒脑作用的成分，是1819年德国科学家弗里德利布·龙格（Friedlieb Ferdinand Runge）在分析歌德送给他的咖啡豆之后发现的。

始于咖啡的可可革命

　　巴黎的圣日耳曼德普雷有着很多非常时髦的咖啡店。1686年，有人在这块土地上开设了一家咖啡馆，据说是现代咖啡馆的原型。他就是出生于西西里岛、生活在佛罗伦萨的弗朗西斯科·普罗科皮奥（Francesco Procopio dei Coltelli）。17世纪正是咖啡从土耳其传到欧洲的时期。这个咖啡馆应该是当时喜欢新鲜事物的巴黎本地人经常聚会的地方吧，这个店现在依然还在圣日耳曼德普雷营业。

　　根据目前文字记载推测，1861年前后，在巴黎的咖啡馆中，除了红茶和咖啡之外，巧克力作为饮料和甜点也越来越受到人们的喜爱。巧克力的发明被称为可可革命，是因为1828年可可饮料的发明。将可可豆中的可可脂去除后，易于溶解的可可粉就诞生了。而被去除的可可脂成为1847年第二次可可革命的关键。在19世纪60年代上半叶的巴黎，已经形成了食用巧克力和饮用巧克力饮料的文化。

177 18世纪的伦敦咖啡馆。20世纪20年代的伦敦，人们在家里也可制作巧克力甜点，就这样咖啡馆文化进入了普通家庭中。

Epidendrum Vanilla.
Vanillie.

178 一般认为，香荚兰原产自墨西哥或中美洲其他国家，而现在马达加斯加、印度尼西亚和巴布亚新几内亚生产了世界上约80%的香荚兰。

第1章 人类诞生之前

第3章 农耕文明时期

第4章 大航海时代之前

第5章 大航海时代与工业革命时期

第6章 工业革命之后

结语 植物与人类的未来

牛粪是香草味的吗

19世纪中期，对遍地开花的咖啡馆文化产生重要影响的另一种植物是香荚兰。在美洲大陆发现之前，欧洲没有人知道这种具有迷人香气的植物存在。但在其原产地美洲大陆，当地人已将其用于香烟和可可饮料的调味。引入欧洲后，从南美洲移植过来的香荚兰并没有得到广泛传播，因为欧洲人没有掌握正确的栽培方法。直到1841年，人们在法属留尼汪岛偶然发现了香荚兰的人工授粉方法后，才开始广泛种植香荚兰。此后，以法国为首的欧洲各国对香荚兰的需求越来越大。人们经常光顾的咖

啡馆里，可可饮料、咖啡、甜点、蒸馏酒等食物饮料除了正常的口味之外，还增加了充满香草芳香的口味。

香草是香荚兰种子经过反复发酵和烘干制成的有甜香气味的化合物。2007年的搞笑诺贝尔奖让全世界喜欢香荚兰的人们大吃一惊。获奖的研究主题是"从牛的排泄物中提取有香草味的香草醛"。在颁奖仪式的现场，评委们还准备了"牛香草"口味的冰激凌。虽然我们已经知道动物的肠道内也能形成芳香物质，但还是使用香荚兰提取香草味更高效一些。

147

其他蔬菜和香辛料：
工业革命前仍被当作药物

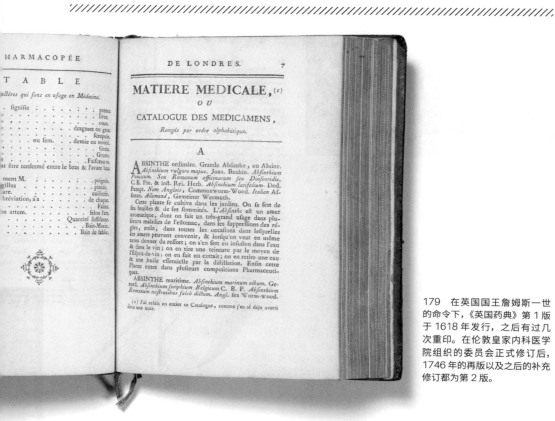

179 在英国国王詹姆斯一世的命令下，《英国药典》第1版于1618年发行，之后有过几次重印。在伦敦皇家内科医学院组织的委员会正式修订后，1746年的再版以及之后的补充修订都为第2版。

18世纪的药物学教科书

介绍了这么多对人体有强烈刺激的植物，现在我们再了解一下18世纪出版的专家药物教科书《英国药典（第2版）》。通过这本书，我们可以对当时医学领域使用的药物的性质和组成有一个大概的认识。跟我们印象中的西方医学相比，当时的药物反而与更多使用草药的中医更相似。该书除了介绍了很多源自植物的草药之外，还反映了动物、微生物以及无机化学方面的研究进展，其中还出现了很多无机物研究。

《英国药典》还介绍了很多本书中提到的植物，比如对烟草和番红花作为药物进行了介绍。在介绍鸦片和药酒的制作方法时，书中还讨论

了是否应该加入番红花，在此基础上还介绍了番红花的镇静效果。与本书中大帛斑蝶"用毒素保护自己"的例子相似，《英国药典》中记载了通过食用夹竹桃科蔓长春花属植物和鹅绒藤属植物来驱除寄生虫的方法。鹅绒藤属植物在该书中被称为驯服毒素的植物，这种利用植物毒素的想法在《英国药典》和本书的共鸣实在是一件有意思的事情。金鸡纳树作为对付疟原虫特效药的奎宁的原材料，《英国药典》中也有记载。《英国药典》中也有介绍在第4章提到的柏木的叶以及针叶树树脂的药用和处方。

gles, enfin, dans toutes les occafions dans lefquelles les amers peuvent convenir, & lorfqu'on veut en même tems donner du reffort ; on s'en fert en infufion dans l'eau & dans le vin ; on en tire une teinture par le moyen de l'Efprit-de-vin ; on en fait un extrait ; on en retire une eau & une huile effentielle par la diftillation. Enfin cette Plante entre dans plufieurs compofitions Pharmaceutiques.

ABSINTHE maritime. *Abfinthium marinum album.* Gerard. *Abfinthium feriphium Belgicum* C. B. P. *Abfinthium Romanum noftratibus falfo dictum.* Angl. fea Worm-wood.

(c) J'ai refait en entier ce Catalogue, comme j'en ai déja averti dans une note.

第 1 章　人类诞生之前

第 2 章　农耕文明之前

第 3 章　农耕文明时期

第 4 章　大航海时代之前

第 5 章　大航海时代与工业革命时期

第 6 章　工业革命之后

结语　植物与人类的未来

——— 知识进阶 ———

《英国药典》中介绍的源自植物之外的"药物"

动物：毒蛇（蝰蛇）、蜥蜴、蚯蚓等。

微生物：姬松茸（蘑菇）。

非生物：鲸脂、黄色琥珀、铜绿（铜的绿锈）、壁炉的炭黑等。

无机物：含铝的明矾、氯化铵、硫酸镁、硫酸铁、硫酸铜、硒酸亚铅、用碱制作的肥皂等。

此部分内容参照 1771 年法语版的《英国药典》，其中列举了部分书中出现的医药品。《英国药典》原本用拉丁语写成，法语版是根据英语版翻译的。

蔬菜和香辛料都曾是药物

现在很多源自植物的食材都曾作为药物使用，比如大米、开心果、苹果、葡萄、醋等。岩盐、海盐以及砂糖也具有药用价值。《英国药典》中提到了很多蔬菜的种子，如南瓜、黄瓜等葫芦科植物（发芽时会产生毒素），以及莴苣、马齿苋等，还提到大蕉（烹饪用香蕉）的种子涩味很强。这些把种子当成药吃的记述，让我们想起第 2 章提到的在 2 000 多年前的男性胃里发现了许多植物种子的例子。

香辛料和香草在《英国药典》中的例子更多，比如苦艾、欧洲当归、茴芹。法国东部非常有名的苦艾酒就是在蒸馏酒中泡了菊科的苦艾，以及伞形科的茴芹和欧洲当归。其他可以作为香辛料的植物包括香荚兰、可可、辣根、姜科的豆蔻和莪术（用来增加印度奶茶的风味）、伞形科的葛缕子（咖喱配料之一）和蓼科的波叶大黄等。檀香和沉香等在印度使用的香木也都曾是药物。

有药效的花卉类包括仙客来（药效很强的泻药）、万寿菊（有防腐作用等）、堇菜（治疗眼疾和肠胃病等）、常用于草本茶的西班牙薰衣草（止痛、镇静）等。蔷薇的花和果实被当作不同的药物进行了记载。甘草在书中也被记录为中药。另外，《英国药典》还记载了番泻叶自古以来就被阿拉伯人用作止泻草药。

通过胡椒看周游世界的香辛料的宿命

//

基本信息

胡椒（*Piper nigrum* L.），胡椒科胡椒属
原产地：印度
主要分布地区：世界各地的热带地区

180　胡椒的果实除了辣味成分（胡椒碱）之外，还含有气味浓烈的芳香成分——精油。胡椒碱经过紫外线照射后辣味会变得更强，而胡椒中的精油能让身体变暖。

大航海时代以前香辛料的传播

如果按时间顺序来说，1492 年哥伦布到达美洲大陆是大航海时代的开端，但是香辛料贸易正式开始的契机是 1498 年达·伽马开辟了经由好望角的新航线。哥伦布的航海加速了"新旧大陆"之间人、物品和植物的往来，但在达·伽马开辟这个新航线之前，包括非洲和欧亚大陆的世界，东西方之间的隔绝非常严重。从马可·波罗的骆驼队能看出，东西方仅限于陆路交流，东西方之间的贸易规模也受到了极大的限制。

然而，亚洲在 1 000 多年前就通过海上贸易联系在一起，所以印度产的香辛料得以到达西部的阿拉伯各国和东部的日本。接下来让我们聚焦于原产于印度的胡椒。

以日本为例，胡椒在很久以前便传到了日本并被普遍使用。这一点从肯普弗所著《异域采风记》（第五卷）中也可以发现，因为那时他已然将胡椒当成了日本的植物。值得一提的是，肯普弗所给出的胡椒的拼写为 KooSioo。胡椒是从印度通过陆路和海路两条路线抵达中国的。从唐朝开始，胡椒一直被作为健胃、化痰的药物而不是调味料使用。

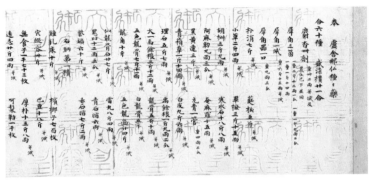

181 保存于日本正仓院的《种种药帐》里的内容。正仓院现存所记载植物中的40种。除了胡椒，还有作为中草药的大黄、胡萝卜、甘草、日本厚朴和肉桂（桂皮）等。

第1章
人类诞生之前

第3章
农耕文明时期

第4章
大航海时代之前

第5章
大航海时代与工业革命时期

第6章
工业革命之后

结语
植物与人类的未来

182 胡椒的美味成分胡椒碱在人体内会减慢药物代谢速度，因此具有提高药物吸收率的作用。

日本正仓院中的香辛料——胡椒

胡椒是作为药物传入日本的。日本正仓院北仓现存的"正仓院药物"中有一种就是胡椒。正是因为有这些保存至今的实物，这一观点才变得非常明确。756年，日本孝谦天皇和光明皇后供奉给东大寺大佛的供品中就有包括胡椒在内的60种中药。这些药物的种类、数量以及收纳的容器在《种种药帐》中均有记载，其可以说是世界上最古老的药物资料。

这些药物原本是光明皇后打算给穷人治病才送到东大寺的。令人欣喜的是，不仅这些药物的处方和消费记录被保存了下来，而且现在还有40种被保存在正仓院。这些胡椒中不仅有开具处方时洒落的残渣，还有完整无损的胡椒粒。根据1948年日本对传统草药的研究与调查，这些胡椒确实就是胡椒果实。

1993年，日本对传统草药的第二次研究与调查表明，保存至今的草药仍然具有药物成分。人们原本以为这些功能性物质不稳定容易分解，没想到居然能够经受1 200多年的保存。

环游世界
并改变了世界的蔬菜

183　对亚洲而言舶来的蔬菜和水果。

大航海时代前后，世界上栽培作物的面貌发生了巨大的改变。日本这一剧变的发生要晚一些。从幕府时代末期到明治时代，日本借着开国的浪潮，引入了很多外来作物。在这之前，日本为了生产作为主食的大米，水田稻作技术已经相当完善。稻作的产量非常受重视，会被计入财政税收，但是蔬菜并不像谷物那样受重视。

舶来的蔬菜和水果带给日本的变化

在日本处于太平盛世的江户时代，特别是在观赏植物的领域，人们利用当时现有的遗传

第1章
人类诞生之前

第2章
农耕文明之前

第3章
农耕文明时期

第4章
大航海时代之前

第5章
大航海时代与工业革命时期

第6章
工业革命之后

结语
植物与人类的未来

养蚕业等都发生了翻天覆地的变化。烟草的种植也是在那个时候才正式开始的。

884 年出版的《舶来果树要览》介绍了包括葡萄、梨、草莓和木犀榄在内的 445 种果树。在日本没有得到普及的农作物也非常多。从当时的书籍中可以看到从事农业的人们为了适应新世界所付出的辛劳。到了今天，我们想找出那些在日本土生土长的蔬菜都变得困难了。

一种蔬菜可以改变一个国家

就这样，日本同时传入多种植物，使长期缺乏变化的饮食文化骤然发生了变化。放眼世界就会发现，一种植物的到来，可能会改变一个国家原有的饮食文化甚至文化色彩。漂洋过海而来的植物可以改变一个国家的代表色。这里我们就以位于欧亚大陆两端的半岛国家——意大利和韩国为例，展开说明传播到那里的红色蔬菜所具有的影响力。

接下来，我们回顾一下外来植物传入不同国家后的文化影响。根据文字记录和出土的文物，探讨植物与人类文明的关系。

资源进行高水平的育种，创造了许多像艺术品一样的植物品种。而农作物却没有发生太大的变化。但到了日本明治时代以后，外来作物就像堤坝决口一样涌入日本，于是日本的农作物和三餐瞬间便发生了变化。当时，在与欧洲相比晚了半世纪的产业革命的推动下，纺织业、

番茄和辣椒：
把东西两个半岛染得通红

基本信息

番茄（*Solanum lycopersicum* L.），
茄科茄属
原产地：南美洲安第斯山脉高原地区
主要分布地区：世界各地

辣椒（*Capsicum annuum* L.），茄
科辣椒属
原产地：墨西哥
主要分布地区：世界各地，印度种植
面积最大

Poma amoris fructu
rubro.

184　原产于南美洲安第斯
山脉的番茄作为夏季蔬菜栽
培至今，很多国家通过在温
室中进行水培，一年四季都
可以种植和收获。

成为国家象征颜色的茄科植物的红

　　微不足道的一种食材能靠一己之力改变一
个国家的颜色。番茄、马铃薯、辣椒以及玉米
等植物在大航海时代被带到欧亚各国，很快便
作为食材融入人们的生活，短时间内就改变了
欧亚世界人们的饮食习惯。欧亚大陆的人们与
美洲大陆的食材之间，从接触到接纳，再到融
入，这一系列过程在欧亚大陆的烹饪历史上应
该是前所未有的。

　　上述美洲大陆的主要农作物中，除玉米之

外，其他三种均为茄科植物。茄科中的主要作
物有茄子、马铃薯、辣椒（包括菜椒）和番茄。
除了原产于印度的茄子，其他作物均产自美洲
大陆。人们在选择用作食材的植物时有明显的
偏好。接下来是发生于欧亚大陆东西两端的半
岛上两种茄科植物普及的两个例子，让我们看
一看把意大利半岛染成红色的番茄和把朝鲜半
岛染成红色的辣椒有着怎样的故事。

185　1860 年意大利统一运动推动者加里波第进入那不勒斯时的情景。意大利想成为统一的国家是在 19 世纪。在那之前的意大利由撒丁王国、帕尔马公国、托斯卡纳大公国和西西里王国等 8 个国家组成。

186　与意大利菜的诞生相关且经常被提及的就是佩莱格里诺·阿图西（Pellegrino Artusi）所著的烹饪书《烹饪科学与美食艺术》。这本大受欢迎的书对番茄和意大利面这一组合在全国的普及起到了积极的推动作用。

18 世纪时意大利接纳了红色

意大利之所以给人以红色的印象，是因为国际汽车联合会决定给不同国家的赛车分配不同颜色（国家代表色）。90 多年过去了，法拉利仍然以"意大利红"涂装参加比赛。这不仅仅是因为红色是意大利国旗的颜色之一，应该还有意大利菜留给人们的印象。

意大利菜的核心是番茄和意大利面。实际上现在广为人知的意大利菜的历史并没有多久。番茄最初从欧洲传到意大利是在大航海时代之后，而真正被用作食材是在 18 世纪。番茄刚开始被引入意大利的时候，人们认为这种植物是不吉利的，所以并没有将其作为食材使用。随着意大利成为一个统一国家并逐渐走向强盛，在国民食物的菜肴形成的过程中，番茄逐渐占据了重要地位，在美国的意大利移民让番茄和意大利面的形象深入人心。要是没有番茄，意大利的餐饮可能还停留在从罗马诞生开始持续了 2 000 多年的以葡萄酒和橄榄为主的典型地中海菜肴的阶段。

VARIETIES OF CAPSICUMS.

187　1877 年介绍家庭菜园的英文书中描绘的辣椒。黄彩椒和菜椒
都是辣椒属中的成员。

188 韩国人将禁绳绕在腌制泡菜和苦椒酱的缸上祈求好味道。禁绳与普通的草绳不同，是将稻草向左揉搓而成的绳子。当家里有小孩出生、新年或节日的时候，人们会把禁绳挂在大门上，这主要是朝鲜半岛中南部常见的风俗习惯。

第1章 人类诞生之前

第2章 采掘文明之前

第3章 农耕文明时期

第4章 大航海时代之前

第5章 大航海时代与工业革命时期

第6章 工业革命之后

结语 植物与人类的未来

亚洲东部的红色传播路线

20 世纪 70 年代，很多韩国人移居到美国，并像意大利人那样，开始在新的居住地将韩国菜发扬光大。而该形象的颜色同样也是红色。在美国社会扎根的韩裔美国人在韩国城推动着从本国带来的红色泡菜等饮食文化。因此，可以说韩国的国家代表色也有红色，特别是韩国国家足球队的球衣总是给人红色的印象。那么，韩国的红色形象来自哪里呢？毫无疑问是辣椒。

辣椒不仅影响了韩国的国家代表色，还对其民族的风俗习惯影响深刻。辣椒金黄色的种子象征着丰收，辣椒本身还用于禁绳的装饰。特别是在生了孩子的家庭，有挂禁绳辟邪的风俗。说到作为食材的辣椒，我们脑海中会浮现

涂满辣椒的白菜经过腌制、乳酸发酵后形成的泡菜。韩国使用辣椒制作泡菜的历史已经有250 多年了。

关于辣椒传到亚洲东部的路径存在诸多说法。最古老的说法是，1542 年葡萄牙的传教士将辣椒种子进献给日本战国大名大友宗麟，辣椒从而传到日本。第二种说法是丰臣秀吉出兵朝鲜时，从朝鲜将辣椒带回了日本。这种说法在日本作家贝原益轩所著的《大和本草》中有记载。此外，在朝鲜半岛 1613 年的史料中记载，辣椒"最早来自倭国，所以一般称为日本芥子"。这说明辣椒在这个时候应该已经进入朝鲜半岛。

157

以日本为例：
本土蔬菜和外来蔬菜

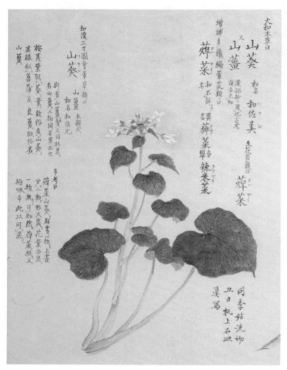

189　原产于日本的块茎山萮菜，自古以来都很珍贵。从日本飞鸟京遗址苑池中出土的 7 世纪的木简上以"委佐俾"为名称记载了进贡 3 升（大约相当于现在的 5.4 升）块茎山萮菜的事情。

从《万叶集》的植物名单看古代蔬菜

　　在本书中被作为定点观测地的日本，究竟在这个时期传入了什么样的蔬菜呢？根据著名的蔬菜研究专家青叶高的观点，1870 年（明治三年）后的几年，是非常特殊的时期。在这一时期，数百年的沉寂被打破，突然从海外传入日本 74 种 340 个品种的蔬菜，几乎囊括了当时世界上种植的所有蔬菜。此外，这一时期之前的日本幕府时代末期，到日本旅行的植物猎人罗伯特·福琼（Robert Fortune）在回忆录中提道，"想告诉他们更加美味的蔬菜"。欧洲人当时已经经历过与美洲大陆的农作物的交流，在他们看来幕府时代末期日本农作物的种类还

是太单调了。

　　我们现在所认识的蔬菜中，原产于日本的蔬菜包括多叶北葱、明日叶、土当归、莼菜、芹菜、珊瑚菜和块茎山萮菜。日本蔬菜的变迁如果追溯到古代的话，《万叶集》中记载了 170 种植物，其中 27 种为蔬菜。在这些蔬菜中，青菜、野芋、光皮甜瓜等 8 种为外来种。785 年前后，也就是《万叶集》仍在编撰时，人们已经种植了锐齿马兰、荸荠、雨久花等植物，但还是野生蔬菜的种类更多。从这一时期到幕府时代末期，被食用的植物种类基本上没有发生什么变化。

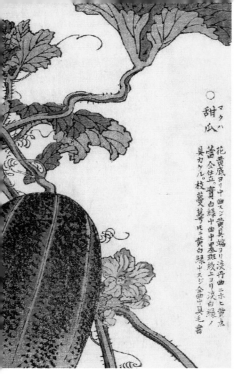

190　黄瓜是 10 世纪传入日本的，而图中的光皮甜瓜传入日本的时间更早，甚至可以追溯到绳纹至弥生时代，于 2 世纪左右在日本本州岛中部的美浓国的真桑村开始种植。

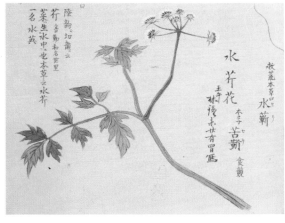

191　芹菜是原产日本的多年生草本植物，也是在水田和湿地中很常见的春季七草之一，现在以亚洲为中心，在北半球很多地区都有分布。英语名称为 Japanese parsley。

第 1 章
人类诞生之前

第 2 章
常用之中之中

第 3 章
农耕文明时期

第 4 章
大航海时代之前

第 5 章
大航海时代与工业革命时期

第 6 章
工业革命之后

结语
植物与人类的未来

在菜园里种植的日本平安时代的蔬菜

接下来从考古出土物方面看一下古代日本的食材，特别是蔬菜和水果。根据日本奈良文化财产研究所的调查，从平安宫东侧官衙和厕所遗迹中出土了以下植物的种子：甜瓜类、树莓、木通属、茄属、柿、桑属、白背爬藤榕（很小的与无花果相似的种子）、猕猴桃属、山椒、毛葡萄、紫苏等。从水井遗迹中发现了可能用于烹饪的种子——葫芦科的冬瓜。从食堂院的水井中出土了 1 500 个桃种子、8 万个甜瓜类种子、1 万个冬瓜种子、2 000 个柿子种子、1 000 个枣种子等大量的植物种子。有着园艺作用的果菜类的栽培比较引人注目。

菜园一词可能会让人觉得是从农学中的园艺学派生而来的，但在日本，菜园栽培蔬菜的历史非常悠久。将菜园中种植的蔬菜归入园菜的分类方法最早是在 938 年编成的汉和辞典《和名类聚抄》中出现的。其中第 17 卷，前半部分为谷物，后半部分为蔬菜，所列出的园菜类包括青菜、芜菁、苦芥、蓝花子、萝卜、蘘荷、姜、莴苣、蜂斗菜、蓟和葵菜。如果要追根溯源的话，这里出现的很多植物都是漂洋过海到日本的。

Fig. 32. — Intérieur de la banquise.

192　1874 年，英国天文观测队前往南极圈的岛屿采集植物。

植物热潮：
近代植物学的发展

笔者的手边有一本书的复印件，书名很特别，叫《金星凌日的远征观测中在凯尔盖朗群岛的植物采集》，这是英国天文学观测队前往南极圈的岛屿采集植物的报告。1874 年，英国派出的蒸汽动力帆船——"挑战者"号调查船，一方面观测金星凌日，另一方面进行南极圈附近的植物学和地质学调查。作为英国皇家学会会长和达尔文好友的约瑟夫·道尔顿·胡克（Joseph Dalton Hooker）整理的论文集中，每一章均会以金星凌日的措辞开头，而正文则对生长在冰天雪地的岛屿上的植物进行分类和记述。胡克自己并没有参加这次远征，但作为植物学家参加了在这之前的南极考察。

升级成科学家的植物猎人

历史上第一次观察到金星凌日现象的是英国人杰里迈亚·霍罗克斯（Jeremiah Horrocks）。1639 年 12 月，他通过望远镜将金星凌日的景象投影到纸上并绘制了草图。第二次观测是在 1761 年，各国政府积极响应英法科学家的号召，在全世界 60 个地点同时展开了观测，但是英法的舰船并没有到达最佳观测地点。1768 年，英国整装待发，派出了由库克

船长指挥的大型帆船"奋进"号，第二年顺利到达金星凌日的最佳观测地塔希提岛并成功进行了观测。不仅如此，搭乘该船的植物学家约瑟夫·班克斯（Joseph Banks）和丹尼尔·索兰德（Daniel Solander）还在大洋洲发现了很多植物。前文已经提到，当时采集的番薯标本还被用于 21 世纪的 DNA 分析，并成功解决了番薯的起源问题。

以此次航海为契机，英国果断地向世界各地派遣探险队，包括库克船长的第二次（1772年）和第三次（1776 年）航海，发现布朗运动的植物学家罗伯特·布朗（Robert Brown）同行的大洋洲考察（1801 年），达尔文同行的"小猎犬"号环绕世界一周的航行（1831 年），胡克参加的南极考察（1839 年）以及"挑战者"号对南极和金星的同时观测。

具有象征意义的是，这一时期加入英国考察队的植物学家们无一例外都成为世界著名的科学家。这一时期建立了很多博物馆和植物园，作为研究来自世界各地的植物标本的研究基地，为植物学家们准备了进行科学活动的场所，促进了植物学的发展。于是，在大航海时代的后半期，控制了海洋的英国开始引领自然科学的发展。

第 1 章
人类诞生之前

第 2 章
改良发明之前

第 3 章
农耕文明时期

第 4 章
大航海时代之前

第 5 章
大航海时代与工业革命时期

第 6 章
工业革命之后

结语
植物与人类的未来

园艺热、植物园热
和栽培热

193　意大利帕多瓦植物园的圆形区域被划分成四部分，这种设计从植物园
建成起就一直没有变过，至今仍保持着原样。

从生产性园艺到观赏性园艺

园艺的英文为 gardening，专业术语为 horticulture，意思略有不同。horticulture 来自拉丁语，由"被包围的土地"之意的 hortus 和"栽培"之意的 cultura 组成，字面意思就是在园中栽培。

有研究者认为，根据不同的性质，园艺大体可以分为两大类。一类是观赏性园艺（花卉园艺、建造园林），一类是生产性园艺（果树园艺、蔬菜园艺）。后者是人类数千年来为了生存而进行的食品生产和收集活动的延续。然而，随着社会的复杂化和经济的发展，以生存为目的的活动被进一步赋予了休闲的目的，于是就出现了从事前者的人员。

在农耕历史上，原始的园艺是从农业中分化出来的。最早，在古埃及图特摩斯三世时期（公元前 1479—前 1425 年），就有了划分不同的园来栽培观赏植物的记载。在古希腊，植物学的创始人狄奥弗拉斯图在学园的庭院里种植了各种各样的植物，与学生们一起对植物进行了观察。这应该就是最古老的学术性植物园的雏形。

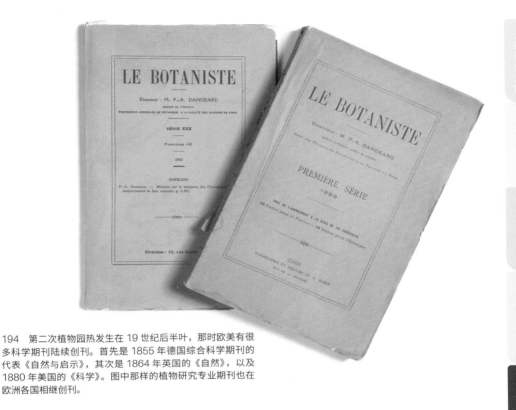

194　第二次植物园热发生在 19 世纪后半叶，那时欧美有很多科学期刊陆续创刊。首先是 1855 年德国综合科学期刊的代表《自然与启示》，其次是 1864 年英国的《自然》，以及 1880 年美国的《科学》。图中那样的植物研究专业期刊也在欧洲各国相继创刊。

全世界同步的植物园热

　　狄奥弗拉斯图建设植物园的想法在古罗马的庭园建造中被部分继承，但不知不觉间又完全被遗忘了。人类需要重拾这个想法，于是重建植物园的热潮又兴起了两次。第一次发生在文艺复兴时期的意大利，第二次集中发生在科学革命时期的欧洲。

　　在意大利，有 4 个以学术研究为目的建立的世界最古老的植物园。1544 年比萨植物园最先开园，紧接着是 1545 年开园的帕多瓦植物园和佛罗伦萨植物园，最后是 1578 年开园的博洛尼亚植物园。由于植物园的创立者卢卡·吉尼（Luca Ghini）是医生，所以早期的植物园都是以草药标本的保存和管理为目的的。之后，植物园的观赏作用也逐渐重视，16—17 世纪在欧洲各国的主要城市中掀起了建设植物园的热潮。这些植物园收集了由植物猎人带来的世界各地的植物，而且对公众开放。在这之后，瑞士 1560 年、西班牙 1567 年、荷兰 1587 年、德国 1580 年、法国 1593 年、丹麦 1600 年、英国 1621 年以及瑞典 1655 年都分别建立了自己的植物园。

　　日本 1638 年在江户城（今东京都）的南北（麻布和大冢）分别设立了草药园。1684 年，它们迁到小石川，成了御药园，也就是现在的小石川植物园。也就是说，欧洲和日本几乎同时以草药学研究为目的建立了植物园，这并非偶然。织田信长于德川幕府时代之前，在葡萄牙传教士的建议下，1568 年在伊吹山开设了可以栽培 3 000 种西方草药、占地约 5 公顷的草药园。如果这段历史记载是事实的话，那么说明大航海时代的浪潮也波及了日本的植物学。

第 1 章　人类诞生之前
第 2 章　赤裸花朵
第 3 章　农耕文明时期
第 4 章　大航海时代之前
第 5 章　大航海时代与工业革命时期
第 6 章　工业革命之后
结语　植物与人类的未来

195 在欧洲居民的栽培热中，除了草莓，人们还培育了甜瓜、菜蓟、芦笋、
卷心菜、豌豆和火葱等茄科以外的各种植物。

196 19世纪的欧洲，花卉栽培颇受欢迎。（b）图是采用人工杂交技术培育的花。（a）图是19世纪后半叶的植物科普书后附带的园艺书的广告。广告为4卷，有200个精美图片、3 300个图表，精装，定价30法郎。

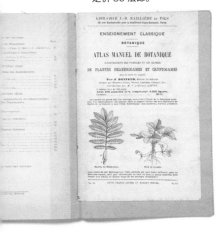

(a)

(b)

第1章
人类诞生之前

第2章
农耕文明之前

第3章
农耕文明时期

第4章
大航海时代之前

第5章
大航海时代与工业革命时期

第6章
工业革命之后

结语
植物与人类的未来

富裕城市中发生的栽培热

园艺观赏和植物展示结合的植物园热刚告一段落，欧洲的主要城市又出现了栽培植物的热潮。虽然不乏以投机为目的的人，但多数人在大都市的小菜园中埋头种植植物都是为了消遣。要想掀起不以生存为目的的园艺热潮，首先要形成大都市，其次要有经济上较为宽裕的居民。通过栽培可以开花结果的植物，他们感受四季，获得幸福感。这种阶层的居民的大量出现，或许可以作为社会富裕程度的指标之一。这也是英国植物猎人罗伯特·福琼（Robert Fortune）的观点。

大约3个世纪之前，农业研究者路易斯·里戈（Louis Liger）出版了他创作的法语书，内容是关于庭园、菜园的维护方法以及如何在城市中舒适生活的。里戈还写了关于打猎和钓鱼的指南书。他还在一本1701年出版的书中总结了在私人花园中栽培观赏花卉的方法和在郊区生活的指南。里戈的一系列著作，反映了18世纪初期居住于巴黎这个欧洲代表都市的人们为了休闲、消遣而模仿农作的热潮。

橙和王莲：
欧洲人栽培的温室植物

//

基本信息

橙/甜橙（*Citrus sinensis*），芸香科柑橘属
原产地：印度阿萨姆地区
主要分布地区：美国、巴西、墨西哥、西班牙、意大利等

亚马孙王莲（*Victoria amazonica*），睡莲科王莲属
原产地/主要分布地区：南美洲、亚马孙河流域

197 19世纪欧洲的植物园都相继设置了大型温室，而且不约而同地都栽培了亚马孙王莲。这种植物的浮叶巨大，直径超过2米，非常受欢迎。

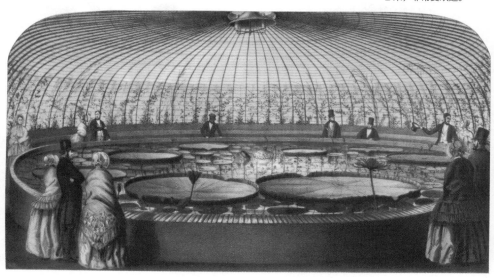

为橙设置温室

17世纪到18世纪，欧洲非常流行在院子里种植柑橘属的植物。然而，据1715年出版的植物栽培书记载，橙的栽培难度很大。这本薄薄的书中有22页是关于橙树的具体养护方法，比如嫁接和栽培方法等。另外还介绍了橙树购买时的注意事项、必要的护理、搬运时的注意事项、装箱、浇水、树的大小、萎蔫之后的治疗方法、诊断方法等内容。特别重要的是，不耐寒的橙树只有5月中旬到10月中旬才能放到户外。到了漫长的冬季，就必须将它们放入被称为橘园或橙馆的温室里。

橘园的改良令人称奇，18世纪出现了配备升温装置的大型玻璃温室。不光是柑橘属植物，就连亚马孙王莲这样的热带植物也可以栽培了。17世纪以后，世界各地的许多植物都被运到了欧洲，但大多数的珍贵植物都是热带的，由于无法栽培被丢弃了。能够栽培热带植物的温室也不是普通人能承担得起的，只能作为普通人向往的目标罢了。

198　橙是经由伊比利亚半岛传入欧洲的，它作为稀少的热带植物，在富裕阶层大受欢迎。

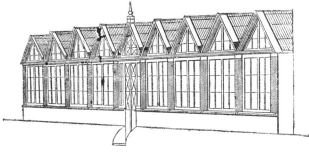

199　随着技术的进步，温室逐渐大型化，而且还实现了根据植物的生长环境调整温度和其他环境指标的功能。

第1章　人类诞生之前

第2章　文明诞生之前

第3章　农耕文明时期

第4章　大航海时代之前

第5章　大航海时代与工业革命时期

第6章　工业革命之后

结语　植物与人类的未来

皇帝餐桌上来自温室的食材

　　打造人工环境抵御冬季的低温来培育植物的尝试，在古罗马时代就已经出现过了。即使在没有玻璃的时代，人们还是想出了将云母薄片罩在黄瓜栽培容器上的办法，这样既能让阳光透过云母片照射到植物，又能让植物免受寒冷。人们甚至掌握了利用热水和蒸汽循环加热墙面，从而给栽培环境增温的办法。这一点可以从庞贝古城民宅的构造中得到证实。据说在这样的条件下，古罗马皇帝尼禄的餐桌上一年四季都可以见到黄瓜。

　　16—17 世纪，欧洲温室只能保护植物不受寒冷的侵害并让它们保持绿色，并不能让植物积极生长，也不能保障对阳光的充分利用。17—18 世纪，带有暖炉构造、可以利用玻璃做到最大限度采光的玻璃温室在欧洲成为主流。在这之后，大型的玻璃温室被建造出来。到了19 世纪，配备大型温室的欧洲植物园宛如主题公园一样。

棕榈:
欧洲人建立大型温室栽培的植物

基本信息

棕榈（*Trachycarpus fortunei*），棕榈科棕榈属
原产地：中国南部的亚热带地区
主要分布地区：广泛分布于从中国到日本东北的地区

200　棕榈属植物的叶子大致
可以分为两类：一类是掌状叶，
小叶从一个原点呈扇状向外辐
射形成；另一类是羽状叶，小
叶平行排列于叶轴两侧形成。

温室的大型化是因为棕榈

为了种植柑橘属之外的植物而开发温室的第一个例子，是 1685 年前后英国伦敦郊外的切尔西药草园引进的温室。这个温室采取了地下暖炉给温室增温的方法。大约一百年后，蒸汽由于工业革命普及开来，英国发明了利用蒸汽给温室增温，大型建筑增温成为可能。在冬天也能保持26℃～32℃室温的大型温室实现了棕榈属植物、山茶、兰花等 80 种植物的栽培。据说，在热带雨林环境的温室中，棕榈属植物专用的温室还可以通过水泵进行人工降雨。

在植物园的温室中，人们对热带的代表植物棕榈属植物付出了更多的精力进行栽培。棕榈属植物不仅是贵族的爱好，而且还是热带地区重要的资源（椰子、油棕），所以很有研究价值。拥有温室，能种植棕榈，这在当时或许还是国力雄厚的象征。因为要建造更大型的温室，需要依靠钢铁结构。法国的建筑家皮埃尔·方丹（Pierre Fontaine）1831 年在巴黎市内建造了一个被称为皇家宫殿的拱形玻璃回廊，加速了大型温室的建造。

201 意大利威尼托大区帕多瓦植物园中的歌德棕榈（欧洲矮棕）。这棵种植于 1585 年的棕榈树，现在仍在温室中被精心栽培。

202 德国法兰克福植物园中的棕榈温室（1852—1940 年）。

歌德棕榈与不需要温室的日本棕榈

文学家歌德于 1786 年参观了世界上最古老的植物园帕多瓦植物园，并仔细观察了当时树龄已有 200 年的棕榈树。他注意到，虽然植物的种或属在一定程度上决定了其固有的形态，但实际形态会随着周围环境而灵活变化，这就是歌德所构想的植物变态论。现在这棵被称为歌德棕的棕榈树是帕多瓦植物园中最古老的植物。歌德的这一构想，既得益于存活两个世纪的棕榈古树，也得益于植物园引入的玻璃温室。

虽然棕榈是代表热带的植物，但日本也有棕榈科的植物生长，比如，在日本的山林中生长的日本棕榈。作为在日本平安时代以后引入的外来植物，其名字最早出现在《枕草子》中对"棕榈之树"的记载。日本棕榈是棕榈科中特别耐寒的种类。英国植物猎人福琼在江户郊外品川看到了这种棕榈枝繁叶茂地生长，他曾在自己的著作中感慨"感受到了南国风情"。此外，西博尔德还把日本棕榈移栽到了荷兰莱顿，并传播到整个欧洲。

第 1 章
人类诞生之前

农耕文明时期 第 3 章

第 4 章 大航海时代之前

第 5 章 大航海时代与工业革命时期

工业革命之后 第 6 章

结语 植物与人类的未来

棉花等植物：
从土地上收获的"羊毛"

基本信息 _____

棉属（*Gossypium* L.），锦葵科
原产地：世界四大棉花种类的原产地分别是澳大利亚（产大洋洲野生棉），亚非地区（产亚洲棉），北美洲西南地区（产美洲棉），南北美洲大陆、非洲和太平洋岛屿地区（产海岛棉）

203 全世界的棉花产量为 2 687 万吨（2017 年数据），而羊毛的产量为 115 万吨（2018 年数据），相差 20 倍。

结出"羊毛"的植物

有一种植物能够生产轻巧且结实的纤维，关于这种植物的知识于 14 世纪断断续续传到欧洲。在当时的欧洲，毛织物是主流，人们难以想象直接从植物身上收获"羊毛"这件事情，于是便空想出了一种可以结出羊羔的植物。而且，这种植物上结出的羊羔虽然身体与枝干连在一起，但为了生长也会竭力吃尽周围的植物。这种空想出来的植物完全没有植物该有的样子，而是保留了羊原本的习性。

到了 18 世纪，来自印度的由植物纤维织成的布——棉布开始传入欧洲。人们不约而同地开始追求这种既便宜又结实的棉花制品。不仅如此，英国兴起的工业革命推动了纺织和织布的机械化，英国还将棉花制品出口到其他国家。人们利用新兴的化学工业开发出各种染料，生产出色彩鲜艳的棉布。就这样，棉花的生产和消费在全世界范围内得到了飞跃发展。这一时期，人们不再依赖动物获得纤维，实现了"植物羊毛"超越"动物羊毛"的时代转变。

204　绘制于 17 世纪的巴洛梅兹羊或斯基泰羊羔的画像。这个时代有很多作家描绘了这种可以变成羊羔的植物，从研究者到市井百姓都在议论这种被空想出来的生物。

可以变成布的植物：大麻、苎麻、亚麻等

　　长久以来，人类会使用不同微生物作为催化剂，将植物中的各种成分加工成酒类和醋。这就是将谷物中的淀粉转化成酒精，进而转化成有机酸的工艺。同样，羊毛和丝绸的生产，也可以理解为把特定的"动物"用作催化剂，将"植物"转变成纤维的工艺。羊毛是从吃牧草长大的羊身上剪下来的，主要成分是被称为角蛋白的蛋白质。蚕丝是吃桑叶长大的蚕所形成的茧抽丝后获得的，主要成分是被称为丝心蛋白的蛋白质。

　　而植物的纤维几乎全是由纤维素构成的。像锦葵科棉属植物这样可以收获高纯度"羊毛"的植物非常稀少，这种植物还包括锦葵科木棉属的木棉（*Bombax ceiba* L.）。大多数的植物纤维是从植物茎的韧皮纤维和叶脉纤维中提取的。日语中的麻包括大麻科植物制品、苎麻科植物（苎麻和日本自古以来的贴毛苎麻）制品、亚麻科植物制品、椴树科中的黄麻制品等多种植物材料制品。这些全部都是用植物的韧皮纤维制成的面料，亚洲东部和西部、印度以及欧洲的人们作为传统一直在使用。

　　在东南亚的热带地区，更多的是利用植物的叶脉纤维来制作布料。从天门冬科龙舌兰属的剑麻中提取的纤维以及从芭蕉科芭蕉属的蕉麻中提取的纤维（马尼拉麻）既轻便又结实，非常适合用于制作透气性好的布料。

第1章　人类诞生之前
第2章　材料使用之前
第3章　农耕文明时期
第4章　大航海时代之前
第5章　大航海时代与工业革命时期
第6章　工业革命之后
结语　植物与人类的未来

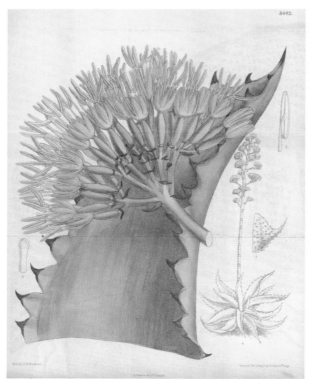

205 龙舌兰属的剑麻（*Agave sisalana*）在 19 世纪从原产地墨西哥传播到了全世界。

206 大麻为雌雄异株植物，开雌花的雌株（上图）和开雄花的雄株（下图）是不同的植株，但是偶尔也会有雌雄同株的植株。雌花中含有大量四氢大麻酚。

古代日本人用以裹身的植物无纺布

15 世纪后半叶，在棉花普及之前的日本，麻和丝绸一直都是重要的纤维来源。日本人从弥生时代就开始使用的贴毛苎麻，现在在日本新潟、福岛以及宫古岛等地仍被用来制作纺织品。

有人推测，在学会对纤维进行纺织以及棉花传到日本之前，人们可能一直在使用天然的无纺布，比如直接把树皮剥下来制成树皮布，或者树木表皮之下的软皮（韧皮）的纤维等。

大洋洲的岛屿、东南亚、中美洲和南美洲以及非洲在内的广大地区等，都有制作树皮的无纺布（塔帕布）习俗。他们主要使用的植物就是构树。构树学名 *Broussonetia papyrifera* 中的 papyrifera 的意思就是适合造纸的树。由于其纤维非常结实，所以一直被用作日本和纸及中国宣纸的原材料。在日本古坟时代（250—592 年）之前，这种构树一直被人们用来制作"木棉花"，当时可能也被用来制作无纺布。此外，在绳纹时代，糙叶树也曾是植物纤维的来源。

207 西印度群岛上的市场一角，绘于 1780 年。从亚麻（*Linum usitatissimum*）中获得的亚麻纤维英文名称为 flax，用其织成的亚麻布英文名称为 linen。从这幅画中可以看到亚麻布货摊正在售卖的场景。

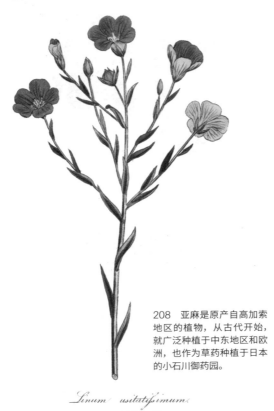

208 亚麻是原产自高加索地区的植物，从古代开始，就广泛种植于中东地区和欧洲，也作为草药种植于日本的小石川御药园。

Linum usitatissimum.

Published by W. Phillips, May 1st 1809.

第1章 人类诞生之前

第2章 文明之前

第3章 农耕文明时期

第4章 大航海时代之前

第5章 大航海时代与工业革命时期

第6章 工业革命之后

结语 植物与人类的未来

209 野蔷薇。

欧洲花园里的
东方草木之美

19 世纪初期，欧洲人所熟知的亚洲植物的数量极为有限。然而到了 19 世纪末，很多亚洲植物向外传播，西欧还掀起了日本植物热。从日本漂洋过海的数百种植物在欧洲扎下了根。不仅在植物园里，在公共花园和一般家庭的庭院中，来自日本的植物都成了不可或缺的要素。植物学家、园艺学家欧内斯特·查尔斯·纳尔逊（Ernest Charles Nelson）在其随笔中写道："几乎所有在日本生长的野生植物，以及所有源自日本的栽培品种，都有可能成为欧洲庭院植被的一部分。只要将它们运过来就可以了。"前文介绍西博尔德时已经提到过，在欧洲不用温室也可以培育日本植物。因此，它们成为欧洲广大民众期盼的异国珍贵植物。

受全世界喜爱的蔷薇

从亚洲引入的不仅有植物的种子和幼苗，亚洲植物所具有的优秀特性也通过基因的形式注入了欧洲的园艺作物中。这里以日本的蔷薇为例进行介绍。在日本，包括《万叶集》中被歌颂的野蔷薇（*Rosa multiflora*）在内，光叶蔷薇（*Rosa luciae*）、玫瑰（*Rosa rugosa*）等蔷薇科的植物广泛分布。在大航海时代之后的植物猎人、贸易商人以及园艺家们的努力下，日本的蔷薇基因被注入了世界上广泛栽培的蔷薇品种中。

现代蔷薇的诞生归功于法国的蔷薇育种公司吉洛（Guillot），这个公司将中国茶香系列的蔷薇与当时的西方蔷薇系列（也是与中国品种杂交的）进行杂交，培育出了被称为"法兰西"（La France）的杂交茶香系列。吉洛公司还将日本的野蔷薇与中国的月季花（*Rosa chinensis*）杂交，培育出多花蔷薇（*Rosa polyantha*）系列。poly 是多个的意思，antha 是花的意思。该系列花朵小但是数量多，具有四季性，也有日本野蔷薇的繁茂。多花蔷薇系列又与其他的系列杂交，产生了很多受欢迎的品种。日本向外传播的植物中，有很多不仅受到欧洲人的喜爱并在欧洲扎根，还展现出了新的面貌。这种现象不仅出现在植物栽培领域，还在绘画、习俗、文化中有所展现。

第 1 章 人类诞生之前

第 2 章 农耕文明之前

第 3 章 农耕文明时期

第 4 章 大航海时代之前

第 5 章 大航海时代与工业革命时期

第 6 章 工业革命之后

结语 植物与人类的未来

山茶：
率先将春天送到欧洲

基本信息

山茶（*Camellia japonica*），山茶科山茶属
原产地／主要分布地区：日本、中国台湾地区、朝鲜半岛。
自然分布北限为日本青森县西南部

210　西博尔德带回欧洲的久留米山茶的代表品种"正义"，是一种花瓣上有白斑的山茶，在欧洲被称为冬科拉瑞。现在看来，像这样更改有明确创造者的栽培品种的名字并不合理。

传到欧洲的大朵山茶

　　19世纪之前的欧洲庭园中，基本上没有日本的植物，但山茶是例外。山茶比其他的日本原产植物更早被带到欧洲，并被欧洲人知道，源于荷兰东印度公司派遣的军医们所从事的活动。安德烈亚斯·克莱耶（Andreas Cleyer）是一名军医，17世纪80年代，他从事以日本出岛为基地的有组织的植物偷运活动。那个时候他带出去的植物中就有当时被归入山茶科的红淡比（现在红淡比是五列木科红淡比属）。红淡比的学名 *Cleyera japonica* 中就含有克莱耶的名字。

　　他的继任者肯普弗，1712年在《异域采风记》中介绍了包括山茶的30个品种在内的许多日本植物。下一个到日本的是出生于德国的军医西博尔德。他带回的许多日本原产植物经由比利时根特市，在荷兰莱顿栽培成功。其中就包括山茶和茶梅（*Camellia sasanqua*）的不同品种，特别是拥有红白相间花瓣的久留米山茶的代表品种"正义"。但是，它在那里被以当地官员的名字重新命名为冬科拉瑞，并博得了人们的喜爱。到了19世纪，在寒冷的季节仍长有鲜艳的绿叶、开出大朵茶花的山茶，特别受富裕阶层的喜爱，而且作为园艺植物也非常流行。

211　江户时代后期的博物学家毛利梅园所画的带斑纹的山茶。

日本绳纹时代的木材和江户时代的花卉

山茶是原产于日本的常绿乔木，也是构成照叶林的代表性树种。在日本群岛，山茶作为木材的历史比作为花卉的历史还要悠久。日本福井县鸟浜贝丘遗址出土的涂了漆的梳子和石斧柄都是由山茶树加工而成。据推断，梳子为5000年前的器物。在《日本书纪》中还有将山茶制作的木槌作为武器使用的记载，而将山茶树用于制作槌和杖最早可以追溯到绳纹时代。

据推断，山茶的日语名称是在7世纪到8世纪确定下来的。在《万叶集》中歌颂山茶的诗歌有9首，但表达其名称的汉字有多种，如椿、海石榴、豆婆畿等。752年大佛开光上供时，孝谦天皇所使用的山茶木杖就保存在正仓院，而且源于那个时代的平城京遗迹中也多处出土了山茶的树木和种子。到了江户时代，山茶的花成为品种改良的对象，颇受人们的青睐。由此看来，日本群岛的山茶与人类的关系有差不多5000年的悠长酝酿期。

绣球和睡莲：
印象画派的主角

//

基本信息

绣球（*Hydrangea macrophylla*），绣球花科绣球属
原产地：日本
主要分布地区：世界多地

睡莲（*Nymphaea*），睡莲科，睡莲属
原产地/主要分布地区：全世界从热带到温带的地区

212　当初西博尔德将绣球命名为
Hydrangea otaksa，现在种名被
修订，正式种名变更为 *Hydrangea
macrophylla*。原来的种名仍作为
品种名使用。

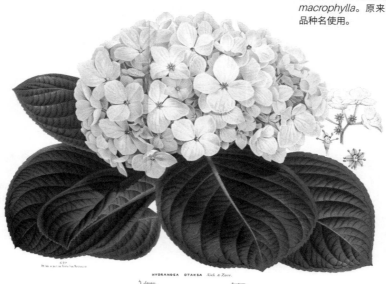

HYDRANGEA OTAKSA Sieb & Zucc.

从日本跑到加莱的院子里的"阿泷"

　　法国植物学家、新艺术运动巨匠加莱的玻璃艺术品专家弗朗索瓦·勒·塔孔（François Le Tacon）认为，加莱是 18—19 世纪研究日本植物的欧洲水平最高的专家。加莱起初被日本植物吸引，源自他从学习森林学的日本留学生那里得到了一本有关日本植物的素描书。他从位于荷兰根特市的范豪特育苗园调取了西博尔德收藏的 207 种原产于日本的植物（基于加莱的栽培植物名单推断），在法国南锡的工作室旁边的院里进行了栽培和观察，并把植物元素运用到了他的作品中。

　　加莱院子里移植了一种名为"西博尔德夫人"（Madame von Siebold）的绣球，如果这是西博尔德进行了科学命名的绣球的话，那么加莱院子里应该还种着以西博尔德妻子的名字命名的品种"阿泷"。西博尔德并没有在欧洲把"阿泷"的命名用意讲明，但是植物学家牧野富太郎认为，这是西博尔德在纪念与他一起在日本生活的妻子阿泷。就这样，"阿泷"长途跋涉从日本出岛到了法国，升华成了艺术品中的元素。

213 一幅由西博尔德带回荷兰，收藏于莱顿民族学博物馆的画作。因为是西方风格的原创画，直到 2016 年才确定其作者是葛饰北斋。这幅画描绘的是日本桥及其附近的风景。

第 1 章
人类诞生之前

第 2 章
最后的文明之前

第 3 章
农耕文明时期

第 4 章
大航海时代之前

第 5 章
大航海时代与工业革命时期

第 6 章
工业革命之后

结语
植物与人类的未来

发掘葛饰北斋的是西博尔德

本书中多次提到西博尔德，在向欧洲人介绍日本文化的活动中，他的影响不容小觑。19 世纪后半叶的法国画坛，包括印象派的雷诺阿、塞尚以及后印象派的凡·高在内的很多画家都曾受到以葛饰北斋为代表的日本浮世绘的影响。当时的欧洲文化人以及富裕阶层都热衷于收集浮世绘、刀剑、茶道器具、能乐面具等日本的工艺品。

从 19 世纪前半叶开始，浮世绘逐渐被欧洲人知晓。当时的日本还在闭关锁国，那么是

谁将浮世绘传到欧洲的呢？答案就是西博尔德。西博尔德搜集了一些浮世绘，并在他的书《日本档案》（1831 年）中做了介绍。由于他特别看重葛饰北斋的作品，一些研究者提出疑问，为什么西博尔德能够发现葛饰北斋作品的卓越价值呢？实际上，西博尔德与葛饰北斋是见过面的。或许他还是唯一与葛饰北斋交流过的西方人。从近年发现的他带回莱顿的葛饰北斋作品集中，能看出他甚至还请求葛饰北斋用西方的技法创作风景画。

179

215 莫奈创作的《睡莲》。在日本风情的拱桥之下，被睡莲覆盖的池塘水面倒映着绿色垂柳的景色非常美丽。

216 在法国吉维尼，莫奈的画室、庭院，都被原样保存了下来。人们在这里可以看到当时被莫奈选入画中的植物。

217 引自谷上广南《西洋草花图谱》。右侧是埃及的蓝色睡莲，左侧是荷花。日本原产的睡莲为侏儒睡莲，开小朵的白花。

第 1 章 人类诞生之前

第 3 章 农耕文明时期

第 4 章 大航海时代之前

第 5 章 大航海时代与工业革命时期

第 6 章 工业革命之后

结语 植物与人类的未来

莫奈画的不是日本的睡莲

19 世纪后半叶，在巴黎的日本文化中，植物也是重要的主题。凡·高临摹的歌川广重的《龟户梅屋》就非常有名。对日本画中的植物最着迷的画家莫过于莫奈了吧。被形容为"眼里充满疯狂的人"以及"光之王子"的莫奈将日本画里的植物带入了现实世界，又把在光照下水边植物的绿色封印在画里。

1883 年，莫奈在法国当时是乡间小镇的吉维尼买下了一处带院子的房子，并修建了日本风格的庭园。然而，他似乎原本并不是想修建典型的日式庭园。因为在莫奈的院子里，踏步石、瀑布和石灯笼这些日式庭园必要的元素都没有，他只是再现了在收藏的版画中看到的池塘、小桥和垂柳。

为了扩大房子，莫奈准备再购买一些土地。就在交易的 5 天前，莫奈偶然顺道参观了喜多川歌麿和歌川广重的版画展。据说这个画展是莫奈在伦敦时的画商朋友保罗·杜兰德 – 鲁埃尔（Paul Durand-Ruel）在自己的画廊举办的。在展出的 300 幅版画中，日本的桥、竹林、樱花和垂柳给莫奈留下了深刻的印象。受到这些画的影响，他在自己的庭园里也种上了垂柳、竹子、日本的苹果树、樱花树、芍药等。池塘里理所当然地种植了睡莲，作为池塘的主题。但这种睡莲似乎不是日本原产的睡莲，他选择的是波尔多的园艺家所培育的能抵抗欧洲寒冷气候的品种。据说他还订购了埃及产的荷花，但因为荷花不适应吉维尼的气候枯萎了。

莫奈在一生中画了 200 多幅睡莲。他把人生最后最为重要的作品捐赠给了法国政府，现收藏于塞纳河畔由橘园改建而成的美术馆。

牵牛与百合：
普通百姓喜爱的花卉

基本信息

牵牛（*Ipomoea nil*），旋花科番薯属
原产地：美洲热带地区
主要分布地区：世界各地

百合（*Lilium*），百合科百合属
主要分布地区：亚洲较多，在欧洲和北美洲也有分布，
从亚热带到亚寒带分布有 100 多种原始野生种

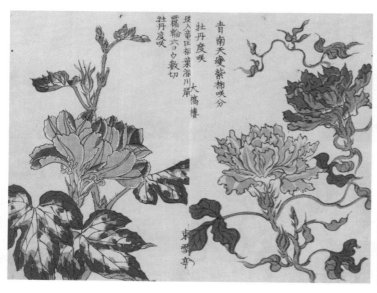

218 在江户时代，日本各地兴起了非常有特色的园艺文化。人们竞相培育珍贵的植物品种，以高价进行买卖。在荷兰发生的事情，也同样在日本发生过。

武士家族的山茶与普通百姓的牵牛

在江户时代的日本，德川家族的三代将军德川家康、德川秀忠、德川家光都非常喜欢花卉，在江户城以及下辖的地区，园艺变得非常流行。为了讨好喜欢花卉的将军，武士家族竞相在自己的宅邸修建庭园，园艺师这一职业也应运而生。幕府将军德川秀忠特别喜欢山茶，在江户城的西城区专门开设了山茶园，甚至还在这里招待了高僧天海僧正。

而在普通百姓中，流行种各种各样的花草，发生了两次种植牵牛花的热潮。第一次是在 1806 年日本江户城大火灾之后，花匠把牵牛花种到了空地上，于是牵牛花便慢慢流行起来。当时的花型变化非常多，有孔雀型、乱狮子型、梅花型、桔梗型、皱缩型、茶室型、多彩型、多轮孔雀型、淡黄型、牡丹型、龙胆型、杂色型等。这些品种的雄蕊和雌蕊都发生了变化，结不了种子，只能重新杂交来繁殖。在 1865 年孟德尔发现遗传定律之前，日本江户的百姓已经凭借从经验中掌握的高难度遗传育种技能，在尽享乐趣的同时，不断地尝试新的挑战。牵牛栽培的热潮在幕府末期、明治年间以及昭和年间也有发生。

s Busy in Assorting Lilium Longiflorum Bulbs—Packing Dept. of the Yokohama Nursery Co., Ltd.

220 日本横滨育苗场的工作人员挑选麝香百合球根（鳞茎）的场景。有许多百合的球根从日本横滨港运输到海外。在日本，天香百合、卷丹以及麝香百合的亚种（日本百合、红花百合和博多百合）具有食用或药用价值。

219 1867 年在巴黎出版的园艺书中描绘的原产于日本的天香百合（Lilium auratum）。根据当时的新闻报道，已经有 20 万个球根从日本流向海外。

第 1 章 人类诞生之前

第 2 章 农耕文明之前

第 3 章 农耕文明时期

第 4 章 大航海时代之前

第 5 章 大航海时代与工业革命时期

第 6 章 工业革命之后

结语 植物与人类的未来

百合成为最重要的出口植物

1860 年，第二次牵牛种植热潮过去之后，英国人福琼造访了日本幕府末期的江户。他这样描述当时江户的百姓："日本百姓最显著的特征就是，即使是生活在社会底层的人们也表达出了对花草的喜爱，在培育赏玩植物的过程中，找到无限的乐趣。如果这可以作为文明指标的话，那么与我们国家同阶层的人们相比，日本社会底层的民众毫无疑问尤为突出。"

幕府末期，像福琼这样获得许可在日本国内自由旅行的英国人也多了起来。根据他们的记录，日本植物的外流方式从原来由植物猎人少量搜集，变成了由商社主导的大量收购。到了明治时代，日本开始主动出口植物。日本在 1873 年（明治六年）正式参加维也纳世界博览会并展出了自产的百合之后，观赏百合便在海外流行了起来。甚至有些百合品种由于在复活节前后开放，被用作复活节的装饰。1900 年（明治三十三年）大约出口了 500 万个百合球根，1915 年大约出口 2 200 万个。20 世纪 40 年代，日本每年出口的百合球根达到了 4 000 万个。百合成为日本最重要的出口植物。

促进了科学发展的植物

当科学家们酝酿新想法时，植物有时会成为他们的灵感源泉，给他们带来重要的启发。接下来，让我们聚焦于那些历史上为科学突破做出了贡献的植物。

物理学

植物形状
所展示的
斐波那契序列

　　因发现了开普勒定律而闻名于世的天文学家、物理学家开普勒注意到，多数植物的形状中隐藏着意大利数学家斐波那契提出的斐波那契数列，比如向日葵种子的排列方式、松塔的形状、菠萝表面的纹理等。伽利略曾经说，"宇宙就是用数学语言写成的一本书"。据说，一些植物的形状让开普勒坚信伽利略所言的正确性。在这一信念的基础上，开普勒阐明了天体运行的规律，并将科学的接力棒交到了牛顿手上。

物理学

苹果激发了
科学灵感

　　牛顿上大学时，由于鼠疫肆虐，大学被关闭，他只好回到家乡。他在果园中度过了两年时光。他日日在苹果树旁苦思冥想的结果，就是发现了苹果从树上坠落是由于苹果与地球之间存在着看不到的引力，而且这种引力存在于宇宙万物之间。在这期间，牛顿在科学史上留下的成果可不仅仅是发现万有引力，还有微积分方法的发明与对光的研究。

化学

是薄荷
让我们注意到了
氧气的作用

　　英国化学家普里利斯特发现酒的发酵桶里会积存某种密度大且可以让火熄灭的气体，还发现有的化合物一经加热就可以产生加剧木头燃烧的气体。虽然他只是业余研究这些，却成了二氧化碳和氧气的发现者。他也是发现气体具有生物化学意义的人。他的实验是通过家里的薄荷盆栽和活体小鼠完成的。他发现，将小鼠和薄荷一起放到蜡烛燃烧过的玻璃容器内，与单独将小鼠放到容器内相比，小鼠存活的时间更长，这是因为薄荷在阳光下对空气进行了"净化"。

葡萄酒
发酵桶里的产物
促进了
化学的发展

巴斯德虽说是近代微生物学的开山鼻祖之一，但在化学领域也取得了不朽的成果。巴斯德 25 岁还很年轻的时候，他一直在研究葡萄汁发酵时沉淀的葡萄酸盐。葡萄酒发酵桶里的产物中有一种叫酒石酸的物质，而且只有这一种物质具有光学活性。当时人们已经知道，光学活性分为偏光面向右旋转的右旋性和向左旋转的左旋性，但尚不清楚原因。巴斯德突发奇想，在显微镜下把葡萄酸盐微小的晶体按照形状分成了两类。对这两类晶体的光学活性进行研究后，他发现一种是右旋性，而另一种是左旋性。年轻的巴斯德兴奋地冲出了实验室，高喊着"成功了"。他便是这一天发现了对映异构体，对之后的化学研究产生了重要影响。

生物学

与豌豆对话的
15 年

著名的孟德尔定律是孟德尔与豌豆面对面交谈 15 年所取得的成果。孟德尔虽然是修道院的神父，但对自然科学非常感兴趣，他学习了生物学、物理学甚至数学。他发挥自己在数学上的天分，完成了豌豆杂交实验，提出了与遗传相关的显性定律、分离定律和独立分配定律。令人遗憾的是，孟德尔利用数学方法对遗传规律所做的抽象解释在他生前并没有得到人们的关注。后来，许霍·德弗里斯（Hugo de Vries）、卡尔·科伦斯（Karl Correns）、埃里克·冯切尔马克（Erich von Tschermak）三位科学家分别通过独立的实验重新发现了孟德尔定律。德弗里斯以待宵草为实验对象所发现的"突变理论"不仅是孟德尔定律的再发现，还是将遗传学和进化论联系在一起的大发现。

从豆科植物中
观察到的生物钟

　　包括我们人类在内的生物体内，都存在一个"无形的时钟"。地球自转形成了以 24 小时为周期的昼夜循环。与这一周期相对应，生物的体温调节、激素分泌等与生存密切相关的多数机能都具有 24 小时的循环节律。提出生物钟这一概念的是德国植物生理学家欧文·邦宁（Erwin Bünning）。他通过观察荷包豆发现，生物体的昼夜节律和建立在光照基础之上的调节机制之间存在重要的关系。有人这样评价他：就像发现了生物学基本定律的孟德尔一样，欧文·邦宁也靠每天凝视豆科植物发现了生物中存在的普遍现象。

会移动的
玉米基因

　　美国遗传学家芭芭拉·麦克林托克（Barbara McClintock）长年反复观察玉米并拍摄带有杂色籽粒的玉米照片。她观察了不同世代中杂色籽粒的出现频率和部位差异，并整理了大量数据。出乎她意料的是，孟德尔定律竟然不能解释这些数据。基于这些研究，她于 1951 年提出，在遗传基因中，存在调节生物形态的性状表达的遗传物质（调控基因的概念），而且这些遗传物质在某些情况下可以在染色体之间移动（转座子的概念）。1983 年，81 岁的芭芭拉获得了诺贝尔生理学或医学奖。

与达尔文竞争的
科学巨匠们

在达尔文所生活的时代，有很多可以做他竞争对手的科学家。
他们曾与达尔文在科学的世界里唇枪舌剑。让我们以植物为主题，
追寻与达尔文相关的科学家们的足迹。

没有植物学家们，
就没有
达尔文进化论

达尔文师从剑桥大学的植物学家约翰·史
蒂文斯·亨斯洛（John Stevens Henslow）。
在他的推荐下，达尔文年轻时便得到了乘坐"小
猎犬"号进行环球航行的机会。达尔文用了约
5 年时间，绕了地球一周，观察了世界各地的
动植物。达尔文对"物种不变论"产生了怀疑，
并在他的著作《物种起源》中论述了物种是受
自然选择由低级到高级进化发展的观点。自然
选择理论认为：生物所拥有的多数特征，即使
在同一物种内，不同个体之间也存在一定的变
异范围；在生存竞争中，物种特征的不同会影
响其存活概率；具有利于生存特征的个体才能
繁衍后代，并通过遗传使该特征得以在种群内
保存、积累，由此进化。

达尔文进化论学说是 1858 年 7 月 1 日在
伦敦林奈学会上公开发表的。与达尔文联合发
表该学说的还有阿尔弗雷德·拉塞尔·华莱士
（Alfred Russel Wallace）。华莱士为联合论
文提供了他完全独立于达尔文完成却与其进化
论有异曲同工之妙的论述。达尔文在 1847 年

达尔文
（1809—1882 年）

私下向英国植物学家约瑟夫·道尔顿·胡克展
示的进化论的简要论述（联合论文第一部分），
以及他 1857 年寄给美国植物学家阿萨·格雷
（Asa Gray）的信（联合论文第二部分），这些
都是达尔文比华莱士先酝酿出进化论思想的证
据，因此这两部分内容被放到了华莱士的论述
（联合论文第三部分）之前。此外，现在所使用
的"进化"一词的英文 evolution 是在《物种
起源》第六版中最早出现的。

竞争对手华莱士

华莱士是认真读完达尔文早期著作《"小猎犬"号航海记》的人物之一。《"小猎犬"号航海记》中虽然没有与生物进化相关的叙述，但华莱士就像同达尔文一起乘坐"小猎犬"号环游世界一样，酝酿出了几乎与达尔文如出一辙的自然选择理论。华莱士在 1858 年寄给达尔文的信中，附带了关于自然选择理论的简要讲解。达尔文的协助者在认真考虑之后，决定让两个人以合作者的身份共同发表《以自然选择为机制的进化理论》。此后，达尔文将书名暂定为《自然选择》的著作完成，这就是 1859 年正式出版的《物种起源》。华莱士在植物学领域做出了很多贡献，有许多植物的学名，如印度尼西亚拉贾安帕特群岛特有的棕榈科华莱士椰属（*Wallaceodoxa*），就是以华莱士的名字命名的。

华莱士
（1823—1913 年）

植物分类产生的"种"的概念

英国植物学家约翰·雷对植物进行了分类，他认为通过搜集作为神创之物的生物标本，并对它们进行正确的分类，就可以设身处地感知神的睿智和秩序。雷是首次将显花植物划分为双子叶植物和单子叶植物的人，并将"种"的概念应用到了动物和植物中。林奈继承了这种想法，并建立了物种名称由两个单词构成的双名命名的生物分类体系。

约翰·雷
（1627—1705 年）

比达尔文的进化论更早的"进化"的概念

在达尔文的《物种起源》面世半个世纪之前，拉马克就已提出了进化的概念，他也认为物种不是固定不变的，而是随着时间变化的。或许拉马克是最早提出进化概念的人。然而，他的学说——用进废退学说，在他离世之后遭到了进化论者们的强烈批判。特别是"生物体父代在生命周期中通过经验获得的相关特征，会通过某种方式传递给子代"的想法，与孟德尔的遗传定律格格不入。不仅如此，这一观点也被奥古斯特·魏斯曼（August Weismann）的"小鼠去尾"实验强有力地否定。在这个实验中，虽然多个世代的小鼠尾巴都被切除，但也不会因此就繁衍出无尾的小鼠。

拉马克的进化论不仅在学术上遭到批判，同时还遭到当时宗教观念根深蒂固的社会的批判，因此，他的晚年非常凄凉。在曾是法国皇

海克尔眼中的进化论学者

恩斯特·海克尔曾经选取英国、法国和德国具有代表性的进化论学者进行了比较。法国和英国的代表人物分别是拉马克和达尔文，而海克尔选取的德国进化论学者却是文学家歌德。海克尔主张，"个体发育就是系统发育的重复"。他坚信，个体发育的研究中存在理解系统发育的线索。在他看来，歌德提出的所谓植物器官的原型可以发育成各种其他器官的"变态"（metamorphosis）观点，更像是进化论的起点。实际上，在歌德进行植物原型的论述时，还讨论了与进化接近的概念，即设想了作为现生所有植物起源的"原植物"的存在。

从20世纪90年代后期到21世纪20年代，大受欢迎的游戏"精灵宝可梦"在全世界的孩子们中颇具影响力。他们甚至将精灵个体通过

恩斯特·海克尔
（1834—1919 年）

变形变得更加强大的过程称为进化。将个体展示的变化称为进化而不是"变态"，这种认识类似于海克尔在歌德的想法中看到了进化。

家植物园的巴黎植物园里竖立着拉马克和他女儿的雕像。碑文上刻有女儿对父亲说的话："后人一定会称赞您，一定会消解您的遗憾！"现在人们发现，即使在遗传中不会发生 DNA 序列的变化，也会发生某种基因状态的变化（表观遗传学），并且也有可能发生跨世代的获得性特征的遗传。有学者认为，我们应该重新审视拉马克的学说。

拉马克
(1744—1829 年)

歌德
(1749—1832 年)

歌德与植物的变态

与现在的专家大都有一个特定的研究领域不同，在 17—18 世纪的启蒙时代，涌现出许多在多个领域都才能出众的人物。歌德就是代表这个时代多姿多彩的人物之一。他除了是德国最具代表性的文学家之外，还在地质学、化学（矿物学）、光学（色彩学）以及生物学领域做出了诸多贡献。受到林奈的《植物哲学》和《植物命名法》的启发，歌德编写了自己的植物学著作。他认为植物的原型是叶子，其他器官都是叶子的进态变化，是叶子进一步形成花、根、茎、果实和种子等器官。1790 年，他在《试论植物的变态》中论述了这一观点。

第6章

植物在缩小的世界中膨胀

（工业革命之后）

经历过大航海时代和工业革命，人类的活动范围逐渐扩大。植物也一样，迁移扩散的速度更快，有些种类以前所未有的规模快速覆盖了广阔的大地。它们就是被选为种植园作物的植物。植物与人类的关联性继续发生着变化。

当人类不再是
自然环境的一部分时

让我们思考一下前 5 章讲述的从大航海时代到工业革命这一段历史在人类史上的意义。如果要列举人类史上重要的事件，就应该包括农耕文明和工业革命之间的大航海时代。这个阶段清楚地展现了人这种生物在生态系统中的位置变化。剑桥大学的查尔斯·安德鲁·艾维·弗伦奇（Charles Andrew Ivey French）在 2016 年的论文中，根据考古学资料估算了从旧石器时代到现在的人口变迁，并将结果绘成图表。在图表中，横轴（年代）和纵轴（世界人口）都以对数表示，清楚地表明，虽然人口一直在增加，但是存在"突飞猛进"的增速时期。第一次发生于约公元前 5000 年的文明兴起期，并持续到公元前几百年。第二次是在工业革命前后。这一时期实际上可以称得上是人类时隔2 000 年的觉醒。而且这次人口急增发生在 17世纪全球人口危机之后，所以变化更加明显。

美国生物学家尤金·斯托默（Eugene F. Stoermer）和诺贝尔化学奖得主保罗·克鲁岑（Paul Jozef Crutzen）认为，工业革命是将人类影响最大化的根本原因，但尚不清楚是工业

革命诸多发明中的哪一个改变了世界。真正的人口增加实际上是在大航海时代，但受到偶然"造访"的小冰期的影响，实际人口增加的时间可能会有所延后。从哥伦布航海到瓦特改良蒸汽机，其实是同一个潮流趋势。哥伦布等人朝着地球的另一面起航的理由就是为了证明地球是圆的。因为相信地球是圆的而向着海洋对岸出航的冒险家除了哥伦布，还有麦哲伦和达·伽马。他们的功劳除了发现香辛料之外，"实现了新主食在全世界的共享"这一点也不可磨灭。人口和粮食生产有密切的关系。美洲大陆的马铃薯、玉米、木薯、番薯把欧亚大陆不适合耕作的土地变成了可以大规模生产食物来源的沃土，这一意义非同寻常。

工业革命改变了植物和能源的关系

始于英国的工业革命，促成了纺织、蒸汽机、钢铁、交通、通信等多个领域内接连不断的发明。蒸汽机是将热能高效转换为动能的系统，但需要大量的能源驱动。为了应对巨大的

能源需求，英国砍光了本国的树木。原本能源供给的极限应该决定发展的极限，但人类实现了能源从植物生物量到煤等化石燃料的转变，并因此首次克服了能源危机。以此为契机，人类通过高效利用埋藏于地层中的能源实现了社会的发展。这就是说，不光是人类，作为人类搭档的植物，也是能源的受益者。

一天就可以到达地球背面的世界

工业革命加速的科技进步现在仍在继续，导致我们的世界越变越小，植物的迁移扩散更加迅速。植物猎人们从亚洲和南美洲把植物带回欧洲的时候，运输需要花上数周的时间。但如今，植物不到一天就能到达到地球的背面。工业革命之前和之后，人类的生活方式、生活空间的尺度、移动的速度都发生了翻天覆地的变化。

而这是通过工业革命以来不断优化的能源与动力转换装置实现的。就像以家畜代替人力的地中海式农耕文化席卷全世界那样，依赖化石燃料运作的内燃机的发明和运用，使得有用植物的栽培、运输和加工快速实现了机械化。由于可以用较少的劳动力耕作更大面积的土地，农业、运输和加工都实现了规模化。

在人类活动范围辐射性扩大的时代，与先前的时代不同，人类自身已经不再处于自然之下，而站在了自然改造者的位置。当人类对环境的影响力最大化的时代，人类能够将自己存在的痕迹作为地质学上可探测的实物被记录下来的时代，就被称为人类世。狭义的人类世是指仅仅半个世纪之前的地层中钉入"金钉子"之后的时代。但是人类世概念原本的提出者斯托默和克鲁岑认为，工业革命才是人类世的开始。那么本章主题工业革命之后的世界和植物应该也可以说成是介绍人类世的世界和植物。在本章中，我们会探讨种植园中咖啡的栽培，在咖啡栽培的过程中我们可以清楚地看到人类世植物栽培的实例。另外，通过对比不断扩张的种植园的过去和现状，我们还可以探索新的问题。

透过咖啡
看种植园的时代

221　1870 年前后，巴西开始有大规模种植园和奴隶制度下的咖啡栽培。巴西在 19 世纪之后就承担了咖啡生产的重任。

近现代种植园的开端

咖啡自古以来就是种植作物。历史上关于咖啡最古老的记载出现于 9—10 世纪波斯（今伊朗）的《医学全书》中。15 世纪的也门出现过一种被称为 qahwah 的饮料，也被认为是咖啡的原型。这一时期，咖啡树多次从埃塞俄比亚传到也门。当地人在举行集会时为防止打瞌睡会饮用 qahwah，随后这种饮料便流行开来。18 世纪的时候经由奥斯曼帝国（包括今土耳其等国家）传入欧洲。

15—17 世纪，咖啡栽培一直以也门为中心。有两棵树苗被分别带到了印度尼西亚和印度洋的留尼汪岛，并开始在当地栽培。印度尼西亚的品种被称为铁皮卡，由荷兰的东印度公司正式栽培，后来被称为爪哇咖啡。铁皮卡品种经由荷兰和法国的植物园被种植到中美洲和南美洲，随后便成为当地种植园的作物，在大规模的种植园中只种植这种咖啡。另外，咖啡在成为种植作物之前，先在欧洲各国引发了饮用热潮。

Rubiaceae.

Coffea arabica L.

106

222　分子进化的研究者认为，咖啡树起源于 1 440 万年前的喀麦隆附近，从那里的近缘种分化出来后扩散到了非洲大陆的热带雨林地区。然而这种观点缺少化石等古生物学方面的证据。

第1章　人类诞生之前

第2章　农耕文明之前

第3章　农耕文明时期

第4章　大航海时代之前

第5章　大航海时代与工业革命时期

第6章　工业革命之后

结语　植物与人类的未来

223 咖啡树在非洲有43种，在马达加斯加有68种，在大洋洲有14种。其中作为咖啡被人们使用的只有小粒种咖啡、中粒种咖啡和大粒种咖啡三种。

224 现代化的大规模种植园收获咖啡时，会使用专门的拖拉机敲打咖啡树，将果实震落后再收集。

咖啡揭示了单一种植的弊端

在亚洲、中美洲和南美洲的咖啡种植园中，很早就开始采用大面积栽培单一作物的这种集约化种植方法。18世纪末，将南印度和斯里兰卡纳入殖民地的英国在这些地区开展咖啡种植业。虽然南亚的咖啡种植园经营得非常顺利并不断扩大，但19世纪中期，一种未知的植物病菌开始在咖啡农场中蔓延。于是，英国人专门聘请了植物病理学家马歇尔·沃德来查明真相。结果沃德发现是咖啡驼孢锈菌（Hemileia vastatrix）在作怪。虽然沃德也告诉了种植园主只种植单一作物的弊端，但是种植园主并没有改进种植方法。结果，斯里兰卡境内的咖啡全部都被致病菌毁坏了。

19世纪后半叶，在印度尼西亚也有过咖啡驼孢锈菌蔓延的迹象。当时能抵抗这种锈病、拯救了印度尼西亚咖啡产业的是发现于刚果密林中的中粒种咖啡。另外，20世纪70年代，巴西也发生了咖啡锈病，但当时已经有了对这种病菌有抗性的新品种。种植园通过更换品种避免了咖啡的大面积死亡。近年，为了提高产量，咖啡种植的集约化程度还在不断提高。然而只追求效率的单一种植，无论什么时候都是处在病菌大爆发的边缘。

单一种植引发的
现代病害大流行

前文介绍的是咖啡锈病中发现的单一种植的问题，
效率不断提高的近现代农业也有问题。

225　咖啡种植园。

前文提到的咖啡锈病，在现代也曾发生过严重的大爆发。对于 2012 年咖啡锈病在墨西哥大爆发的背景，科学家们已经进行了详细的研究。结果表明，诱因在于近年栽培方法的变化。以此为例，我们在此探讨单一种植得到极大发展的近现代农耕的问题所在。

过去墨西哥人在树高接近 40 米的茂盛的森林中种植咖啡。然而，由德裔移民后代经营的农场中，咖啡农场的植被越来越单一。首先，减少了咖啡树以外的其他树木的种类；其次，只保留低矮树木；最后，形成了只种咖啡树并让其直接沐浴阳光的栽培方法（阳光咖啡）。基于现场调查和模拟形成的模型，咖啡农场中除咖啡树以外遮阴树的数量与咖啡锈病的发生率有相关性。遮阴树覆盖率高的林地基本上不会发生病害，而没有遮阴树覆盖的林地病害发生率很高。但对于遮阴树覆盖率中等程度的林地，很难预测其病害发生率。即使是在没有遮阴树覆盖的林地上逐步增加覆盖率，病害发生率也不会明显降低。但当覆盖率达到一定程度之后，病害发生率就会突然下降。而将高覆盖率林地的遮阴树逐步去除，病害的发生率也不会马上提高。但当覆盖率低到一定的程度时，病害发生率就会突然达到极值。也就是说，在覆盖率中等程度的林地，病害蔓延的危险度受林地过去状态的影响，上升滞后和下降滞后的情况都是存在的。这就是生态学上的滞后现象。

上述例子，可以说是 19 世纪沃德对种植园主的建议的正确性在 21 世纪得到了证实。将人类应对传染病的对策应用到植物上的方法也不在少数。引入遮阴树和具有抗性的品种相当于避免聚集和集体免疫。对于本身不会移动的植物来说，人类最有可能就是病害的媒介，因此人类应该作为管理的对象。或许，在咖啡种植园中，哪怕只是小范围地复原多样的森林，随之产生的多样的微生物群也应该能够防止病害大爆发。解决近现代农耕问题的线索就在这种经过缜密计算、回归自然的解决方案里。

亚洲、非洲和大洋洲的种植园变化

226 威廉·克拉克（William Clark）出版于 1823 年的《安提瓜岛十景》中的插图。17 世纪，在安提瓜岛这个加勒比海的小岛上，人们开始种植从英国带到这里的甘蔗。当时，欧洲各国经常将种植园作物带到发现地以外的地区进行种植。

国际资本的新形式种植园

甘蔗、香蕉、可可树、咖啡树、茶树以及橡胶树等自古以来的种植园作物，是大航海时代欧洲主要国家在美洲大陆、亚洲和非洲的殖民地发现的有用作物，因此得以在广大地区进行种植，这些几乎都是不能在寒冷的欧洲进行栽培的热带植物。欧洲人在殖民地的种植园农业，直到 20 世纪初都在不断扩大。比如棉花，从 1905 年到 1909 年，日本和埃及的棉花产量不断减少，而非洲的法、德、英、意的殖民地以及法属大洋洲的棉花产量则大幅增长，在

大洋洲甚至增长了 11.06 倍。

第二次世界大战之后，由国家直接经营的种植园经济开始转变为由国际资本掌管的农场经济。农场更换了新的所有者之后，实现了高度的机械化，能满足世界规模的需求。另外，在国际资本的资助之下，还出现了新形式的种植园。土耳其近年来着手开发国营的茶叶种植园，成为红茶的重要新兴产地以及消费国。但是，这些种植园都有逐渐民营化的趋势，例如，作为国际资本的立顿公司开始经营种植园。

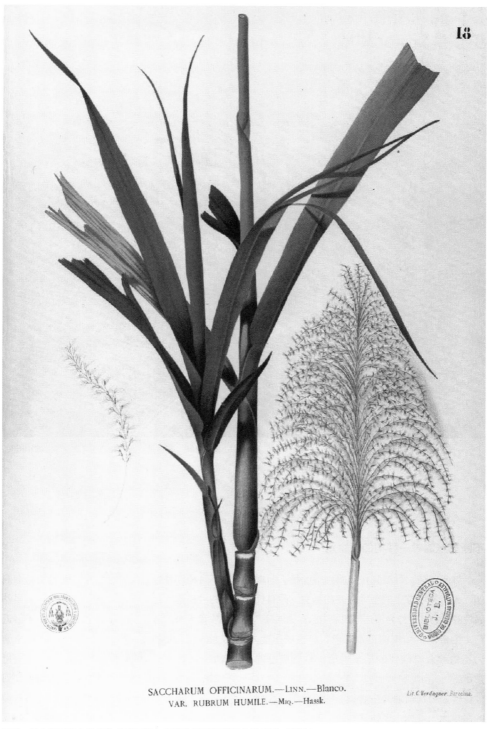

SACCHARUM OFFICINARUM.—Linn.—Blanco.
VAR. RUBRUM HUMILE.—Miq.—Hassk.

Lit.C.Verdaguer.Barcelona.

第1章 人类诞生之前

第2章 农耕之前之前

第3章 农耕文明时期

第4章 大航海时代之前

第5章 大航海时代与工业革命时期

第6章 工业革命之后

结语 植物与人类的未来

227　经由印度传入欧洲的甘蔗与现在支撑全世界制糖产业的甘蔗，实际上是不同的品种。现在的甘蔗是荷兰人在爪哇岛将野生种反复杂交后培育出的品种及其后继品种。

替代能源作物
正在重新定义耕地

228　印度尼西亚苏拉威西岛广阔的油棕种植园。

不断膨胀的单一种植的新主角

　　数十年来，种植园作物的种植面积不断增加，大有将地球上的土地种完的势头。最有代表性的作物就是作为清洁剂和油脂原料的油棕。

　　金合欢树和桉树是纸浆原料，生长迅速，为不依赖森林砍伐的纸浆供给贡献着自己的力量。

　　作为替代汽油的生物柴油的供给源，大豆的需求大大增加，现在又作为人造肉的蛋白质来源，其需求有进一步增加的趋势。玉米作为生物乙醇的原料也一时供不应求。这两者也都

属于种植园作物。实际上，中美洲和南美洲旧有的种植园的土地平分给了这两种作物。虽然大豆和玉米的栽培历史非常悠久，但由于最近成为能源代替作物，种植面积和产量正在急剧增加。根据近年来的统计，大豆和玉米在全世界的种植面积和产量在大约 10 年间增长了 3 倍。从人类发明农业开始到现在，地球还从没有像现在这样被这么多的大豆和玉米所覆盖。这样看来，就像人类世的定义那样，在地质学尺度上都可以探知这种巨大的变化。

229 在马来西亚的油棕种植园中，为了让油棕壳发酵，人们
将其堆到湿地中。然而，也有人指出，这种处理废弃油棕壳的
方法会产生大量的温室气体甲烷，引发环境问题。

结语

植物与人类的未来

在人类出现后，植物与人之间的关联一直都没有中断过。本章我们将看到由植物学产生的新技术会如何影响未来的生活。虽然人类发展面临着重大课题，但植物以及植物学正在为我们指明前进的方向。

向植物学习的人类，
从来没有让进化中断过

人类过去使用的植物盛水容器，现在已被陶瓷代替；人类能人工合成植物的药效成分并开发新的药物。人类的历史也是研究植物的功能和结构、使用新材料和新技术的历史。这样的历史现在仍在书写，也就是我们现在仍然走在这条道路上。就连植物最根本、最神秘的光合作用机制，也可能在不久的将来，能完全在人工条件下得以实现。到了那个时候，人工系统的效率和规模，甚至有可能远远超过植物的功能。

植物与人的关联性所预示的未来

回顾人类发展的历史，人类活动之所以遍及地球的各个角落，很大程度上得益于植物的馈赠。在本书的结语，我想提一个问题：农业作为植物与人的关系本质，究竟为何物？

本书重点关注了植物与栽培者之间的关系。也就是说，人类选择特定的植物，再找出栽培和管理的方法，然后植物凭借自身的生物学特征与栽培者相互作用、共同进化。从这一角度来

看，未来其实所关注的并不是人的进化，而是人的"被扩大的表型"——能源的利用方法的进化。另外，借助微生物发酵将植物生物量变成食物和有用的物质，比如酒和醋，也是农耕文化的特征。

"植物生物量"加上"利用微生物"的观点，让人类迎来可持续发展的生物资源开发新阶段。另外，20 世纪下半叶出现的植物学中产生的未来技术，也是为广泛应用时代的到来所做的尝试。下文首先会介绍人工光合作用的挑战，然后会介绍一些植物学的发展中产生的未来技术。这也是植物与植物学开拓未来的预告。

生物学也不能准确预测人口曲线

在考虑人类的未来时，人口问题毫无疑问会成为重中之重。根据联合国的统计，世界人口在 2011 年 10 月 31 日就达到了 70 亿。也就是说，自 1999 年人口达到 60 亿后的 12 年来，人口增加了 10 亿。在生物学专家看来，这

样的人口曲线实在是非同寻常。如果在适宜的环境中，按照生物的繁殖特性，生物的个体数会以几何级数的方式急剧增加，不久繁殖便会减速并迎来个体数的稳定期。正如马尔萨斯在《人口学原理》中论述的那样，（个体数）之所以会存在极限，是因为存在"环境所能承载的上限"。在生物学中，如果"上限""生长率"和生物的"初始密度"已知的话，就可以非常精确地预测个体数的变化。然而，人口的预测并没有那么简单。因为环境所能承载的上限是否存在是未知的，所以，人类目前正在描绘的人口曲线才看起来非同寻常。

未来一片光明，但问题也堆积如山

人口的增加与人类活动范围的扩大有着非常密切的关系。尤其是近些年，人类活动范围的扩大速度已经远超人口增长速度。现在进入人类世的人类所面临的课题主要是因人口增加而导致的三个问题，即粮食问题、能源问题和环境问题。

由于这三个问题密切相关，如果仅仅尝试单独解决某一个问题，其他问题难免会变得更加严重。21世纪初，在为了解决能源和环境问题而引起的"生物燃料热潮"中，人们尝试将大豆转变为生物柴油，将玉米和小麦转变成生物乙醇，结果却出乎意料地严重加剧了粮食问题。环境问题也是如此，对"碳中和"的过度解读导致生物燃料的需求增加，进而导致耕地面积不断扩大，结果加速了对森林的破坏。综合各方面的情况来看，这些做法最终并不能解决环境问题。

人类还有哪些选择？本章将会展望为解决粮食问题、能源问题和环境问题指明道路的植物学的未来。过去人类学习植物的功能和结构，并使用新材料和新技术进行替代，同样地，为了走向光明的未来，无论是技术还是材料方面，我们要向植物学习的还有很多。

第1章 人类诞生之前

第2章 农耕文明之前

第3章 农耕文明时期

第4章 大航海时代之前

第5章 大航海时代与工业革命时期

第6章 工业革命之后

结语 植物与人类的未来

海草和藻类
可以成为替代能源

可持续的
未来
生物能源
技术

很少有人知道，美国国家航空航天局（NASA）正在利用植物努力开发对环境友好的火箭燃料。NASA的植物研究人员比拉尔·博马尼（Bilal Bomani）认为，可再生能源的生产应该避免以下三方面的问题：淡水资源的争夺、农田的利用、食物的争夺。关于食物的争夺已有前车之鉴：在过去的生物乙醇热中，为了生产燃料，人类消耗了原本作为粮食的谷物，结果导致贫困阶层的食物供给受到影响，引发了社会很大的担忧。如果是这样的话，生物乙醇恐怕不能算是可持续的能源了。以这样的标准来看，究竟有多少能称得上是真正可持续的再生能源的生产？在农田里架设太阳能板、将水田改造成养殖产油藻类、利用淡水大量培育微生物，恐怕都不符合。

在欧洲，有一个团队正在研究如何利用海滨芥（Cakile maritima）这种生长在海岸的作物进行生物能源生产。而日本正在探索在海水中培养某种微型藻类的技术，因为这些藻类可以高效地合成火箭燃料。不同的藻类利用冬夏植株各自的特色，将海水中的太阳光和二氧化碳转化成火箭燃料，这一模式满足了NASA所提出的三个条件中的两个。虽然还不知道能否实际应用，但是利用到海滨芥和藻类上的技术，毫无疑问是可持续的未来的生物能源技术。

光合作用的
生物制造动物蛋白

为了满足不断增加的人口的需求，人类要生产更多的粮食，但是粮食增产的相关活动对环境造成的压力非常大。虽然鱼类和贝类是人类重要的蛋白质来源，但由于海产资源面临枯竭，开发可持续的资源管理以及环境负载低的养殖技术势在必行。

然而，现在的海水养殖业普遍都有氮排放的严重问题，这对环境造成的压力绝对不小。在 NASA 的可持续三原则基础上，又增添了第四个指标，即不向环境排放污染物的"零排放"原则。按照这一标准，几乎现在所有的养殖业都不合格。在这样的情况下，虫黄藻引起了人们的关注。在珊瑚礁生态系统中，虫黄藻共生在海葵和珊瑚的体内。这样，与之共生的海葵和珊瑚便具有了进行光合作用的能力。在日本宫古岛近海温暖洁净的海水中生活着一种可以食用的蛤类——番红砗磲。只要有海水，这种蛤类在陆地上也可以养殖。因为不需要喂食，所以它们也不会排放氮元素污染海水。不仅如此，虫黄藻还可以高效吸收海水中的氮元素作为养料，因此，养殖废水比海水还干净。

还有最重要的一点，番红砗磲非常美味。无论是作为刺身还是寿司的配料，需求量都很大。由此来看，食用海产资源的未来将与光合作用息息相关。

养殖废水可以变得比海水还干净

第 1 章
人类诞生之前

第 3 章
农耕文明时期

第 4 章
大航海时代之前

第 5 章
大航海时代与工业革命时期

第 6 章
工业革命之后

结语
植物与人类的未来

用植物生物量
生产酵母蛋白质

通过发酵
从植物中
获得
蛋白质

到目前为止，人类一直在利用微生物将植物生物量转化成有用的物质。通过微生物，我们可以从谷物中获得糖、酒和醋。然而，很少有人知道在这个过程中把糖变成酒的酵母可以生产蛋白质。将谷物投入含有酵母的反应槽，蛋白质会增加 5 倍。酵母可以说是将谷物转化为蛋白质的介质。而且啤酒酵母产生的蛋白质与动物性蛋白一样，都含有人体必需的多种氨基酸，可以说是非常优质的蛋白质。

肉类生产过程中会发生蛋白质的浪费。如果把家畜饲料的谷物中的蛋白质假设为 100，那么从牛肉中获得的蛋白质只有 3。也就是说，97% 的蛋白质都消失了。虽说如此，除了用大豆制成的替代肉之外，从谷物中获取蛋白质的想法还不太现实。要解决这样的问题，就要用到发酵的方法。假设 2055 年世界人口达到了 100 亿，那么只需现在谷物年产量的 4.7% 就可以用发酵生产出满足所有人类需要的蛋白质。所以 100 年之后，人类可能就会以大豆蛋白和酵母蛋白按适当比例混合后生产的人造肉作为蛋白质来源。到那个时候，作为生产蛋白质的"副产品"——酒精，或许还可以解决大部分的能源问题。

家畜食用的生物量不是非谷物不可

利用微生物生产新的家畜饲料

第1章 人类诞生之前

第2章 农耕文明之前

第3章 农耕文明时期

第4章 大航海时代之前

第5章 大航海时代与工业革命时期

第6章 工业革命之后

结语 植物与人类的未来

我们经常会听到有人讨论地球能够容纳多少人口的话题。有很多人认为，地球准备了100亿人的位置，到现在还剩30亿个空位。地球上的野生动物并不多。将所有的哺乳动物、爬行动物和鸟类都加在一起，只有人类总量的15%左右。但是，家畜的生物量约为人类总量的1.7倍。如果把家畜在地球上的位置空出来让给人类，就可以在地球上确保166亿人的位置。美国明尼苏达大学环境研究所的埃米莉·S.卡茜迪（Emily S. Cassidy）团队认为，如果现在生产的谷量不给家畜作为饲料而直接给人类食用的话，即使不再增加耕地，也可以马上增加40亿人的口粮。这个研究团队在《科学》杂志上刊登的论文指出，如果放弃家畜养殖，就没有必要再增加农田面积，也可以大大降低环境负载。

然而，如果可以灵活运用微生物的功能，问题就有可能变得更为简单。家畜吃的生物量不必是谷物，与人类之间的粮食资源竞争可能也没有那么严重了。以真菌为代表的微生物分解能力很强，甚至可以将木质素和纤维素等难以分解的生物量加工到家畜可以消化的程度。生长迅速的竹子、草本植物以及农作物不可食用的部分，应该都可以代替谷物成为家畜的饲料。

栽培可以应对气候变化的植物成为可能

转基因作物增加了可以耕作的土地

随着转基因技术的成熟，有很多转基因植物（GMO）被创造出来。它们是无法依靠在自然环境中以及用传统的育种技术繁殖的具有新特性的植物。在这里，让我们重新审视一下转基因植物。之前建立在遗传学基础上的育种技术与转基因技术的最大区别就在于，后者是通过基因的水平转移赋予植物新的特性。即使在互相不能结合的生物之间，也可以进行基因的交换，并将新的基因植入植物的基因组。这些外来的基因也可能通过遗传传递给下一代。通过向有助于生产的栽培植物导入外来基因并使之表达，以及人为促进或抑制本已具备的基因表达，就可以创造出被赋予了新特性的转基因植物。

在最早上市的转基因植物中，就有采用反义RNA技术防止成熟后变软的西红柿。在第一代转基因植物中，除了有储藏期限变长的西红柿，研究人员还创造出了有除草剂耐受性和抵抗病虫害能力的作物，以及维生素含量大大增加的作物，以更好地满足消费者的需求。现在正在进行的许多研究，都在以栽培应对气候变化的植物以及能抵抗极端环境的植物为目标，以扩展可耕地的面积，并为将来的粮食危机做好准备。

使用基因组编辑技术
加速新植物的诞生

2020 年的诺贝尔化学奖颁给了利用细菌免疫系统进行基因组编辑的"CRISPR-Cas9"基因治疗法的研究。基因组编辑就是在特定位置将活细胞内的 DNA 截断，去除部分，然后插入新序列的技术。酶 Cas9 能在特定位置将 DNA 截断已经不是新鲜事了，2012 年就报道过利用这种酶的方法。为了将 Cas9 引导到想要截断的 DNA 的准确位置，就需要将一种名为"向导RNA"的 RNA 序列同时引入实验。这个向导RNA 的一部分可以被设置为目标 DNA 序列的"互补序列（可以互相识别并结合的序列）"，这样一来就可以将 Cas9 引导到任意的目标位置。被 Cas9 截断的 DNA 会被活细胞本身具有的机制重新连接（修复）。这时只需将事先准备好的DNA 序列夹在被截断的 DNA 链两端的互补序列中间，通过"同源重组"的机制就可以将目标 DNA 序列插入想要的位置。最近，科学家们还开发出了针对细菌的不使用 Cas9 的基因组编辑技术，即利用可以在基因组中移动的被称为转座子基因序列的编辑技术。随着这些技术

基因组编辑的精度和效率正在逐步提高

的不断开发和成熟，基因组编辑的精度和效率也在逐渐提高。今后，针对植物的更简便高效的基因组编辑法也会被开发出来，创造至今还不存在的转基因植物的节奏也会加快。

213

在没有重力的太空和海洋中栽培植物

仅仅依靠阳光就可以栽培植物的研究

人类总是要开发新的未知区域，从史前时期开始，以人类诞生的非洲大地为起点，通过漫长的旅程在地球上扩散，直到今天。在农业开始之前，也有过由于扩散而导致人口倍增的时期，应该是全新世开始之前。在人口理论中，所有的分析都是在设定了人口上限的条件下进行的。然而，要是人类将可居住土地扩大的话，人口密度就会下降，而人口绝对数量就会超过上限。

现在留给人类的未知区域，就只有海洋和宇宙了。人类对海洋的开发从阳光可以照到的表层向深海区域发展；对宇宙的利用也会逐渐离开环地轨道，向小行星、行星及其卫星发展。新的未知区域通常也存在危险，所以在人类前往探索之前，会先把别的生物送去进行试验。另外，在新的未知区域，除了要确保有居住空间之外，还需要确保有能够生产粮食的场所。已经有不少国家开始研究将植物送到海洋和宇宙的未知区域，并尝试让它们在那里扎根生长。意大利佛罗伦萨大学就正在进行海上淡水植物栽培实验，以验证仅仅依靠阳光实现水循环和植物栽培的可行性。此外，欧洲航天机构的研究项目中，有多个有关太空无重力环境蔬菜种植的研究正在进行。

可以成长的植物型机器人
与细胞大小的微型机器人

人类在探索新的未知区域时经常会用到探测仪，为此需要耐受性强的机器人。目前的机器人大都是模仿人或动物的功能或构造设计制造的。佛罗伦萨大学的斯特凡诺·曼库索（Stefano Mancuso）教授主张，若要探索未知区域，就要模仿擅长探索的生物。他目前正与欧盟的机器人研究所合作，开发可以感知和探索环境、利用光能、在探索过程中自我成长并且改造土地的植物型机器人。

机器人的前沿发展方向包括开发微型的（只有细胞或微生物大小）、在能源上可以自我供给、在行动上可以自主思考的机器人。现实世界中，这种微型机器人的原型就是能量可以依靠光合作用自主获取并且遵循"自主意识"进行活动的微型藻类和绿色原生生物。对此的研究的方向有两个，一个是让机器人的形态和功能更接近微生物的细胞，另一个是将微生物的细胞作为活的机器人使用。想象一下，将来在活细胞和微型机器人同时工作的空间里，建有靠光合作用驱动的微型联合系统（微型世界的工业带），生产、运输以及原材料的配送全部都靠微型机器人进行。为了构想的这种未来，全世界有很多团队都在积极推进相关的研究。

把微生物
当作活的
机器人
使用

如果能进行人工光合作用，
二氧化碳就可以成为可利用资源

人工再现
植物所具
有的最重
要的功能

植物是地球这个生态系统中唯一的初级生产者。正是因为有植物利用太阳的光能，可以高效固定无机碳中的二氧化碳并生产有机物，其他的生物才得以生存。包括我们人类在内的动物们，也是受益于植物的馈赠才能生存。人们目前正在尝试人工再现这种植物所具有的重要功能。

植物进行的光合作用可以分为以下三个步骤。步骤一，利用光提取能量的光化学反应（光反应）；步骤二，利用上一步获得的能量制造有机物（暗反应）；步骤三，高效收集在暗反应中使用的二氧化碳并将其浓缩（碳浓缩）。为了再现步骤一，人们需要开发新的材料。大多数研究者在开发这些新材料的领域处于世界领先地位。该领域的起点是光触媒化学。步骤二和步骤三由于能解决全球变暖问题，也受到了广泛的关注，相关研究也在世界范围内开展得如火如荼。2022 年，日本东京大学、大阪大学以及理化学研究所等单位与企业合作进行的研究，就是为了应用光合作用研究相关的重要技术，将太阳光和风力等天然能源转化成可以合成有机物能源。如果这一目标得以实现，二氧化碳就从众矢之的摇身一变，成为珍贵的资源了。

人类开拓未来的线索

本书讲述了人类是如何加速植物进化的，展现了受到植物的馈赠而进化至今的人类的风姿。"实质性"进化指的是作为社会性生物的人类在理查德·道金斯所说的"被扩大的表型"方面的进化。通过人口的变化，可以看出是否成功获得了对生存有利的表型。道金斯曾发表了微生物大幅度提高增殖上限值（环境承载力）的实例。这些微生物通过基因变异，能够利用之前不能利用的能源，从而提高了进化过程中的增殖上限值。笔者同样认为，人在进化的过程中，掌控了来自植物的两种能源，因此提高了环境包容度的上限值，这两种能源分别是作为主食的栽培植物（农作物）和植物遗体形成的化石燃料（引发工业革命）。因此，人类开拓未来的线索，可能就存在于变化的"环境承载力"之中。

图片来源

1、3、5、6、7、8、10、12、13
Flammarion, C.（1857）Le Monde Avant La Création De L' Homme.（Paris）日仏科学史資料センター管理書籍

2、4、15、16、17、19、24、27、32、33、36、43、45、66、67、72、83、84、85、86、88、89、95、96、98、101、102、103、105、108、116、118、130、134、135、136、137、142、159、164、166、170、171、172、173、176、178、180、182、183、187、195、196（b）、197、198、200、202、205、209、222、227、229
Biodiversity Heritage Library

9
Renault, B.（1888）Les Plantes Fossiles.（Paris）日仏科学史資料センター管理書籍

11、69
Fabre, J.H.（1876）Lectures Sur La Botanique（Paris）日仏科学史資料センター管理書籍

14
Huxley, Th. H.（ 1896）Physiographie introduction à l' étude de la Nature.（Paris）日仏科学史資料センター管理書籍

18
北九州市立自然史・歴史博物館

20、21、22、23、38、39、40、41、47、53、54、55、58、59、60、61、62、63、64、68、70、71、76、77、80、90、93、94、111、112、113、114、115、119、120、121、122、126、127、137、138、139、140、141、143、144、145、148、149、150、154、155、156、157、158、162、163、165、167、169、174、177、184、185、188、193、203、

207、208、215、216、219、220、221、223、224、225、226、228
アフロ

26
金箱文夫（編）1987『赤山 写真図版編』川口市遺跡調査会報告第11集、川口市遺跡調査会

29、30、31
佐賀市教育委員会

34、35（丸山遺跡）
三内丸山遺跡センター

37
奈良文化財研究所

42、199
Decaisne & Herincq（ 1850）Figure Pour L' Almanach Du Bon Jardinier（18e ed.）（Paris）日仏科学史資料センター管理書籍

44
山形県立うきたむ風土記の丘考古資料

46、78、81、109、110、117、133、189、190、191、211、214、217、218
国立国会図書館書誌データ

48
石川県埋蔵文化財センター

56、57、73（b）、74、201
istock

65、186、204
army

79
唐津市末盧館

87、92、107、168
Aubert, E. (1901) Histoire Naturelle Des Étres Vivants
(Paris) 日仏科学史資料センター管理書籍

97
Liger, L. (1715) Le Ménage des Champs et de la Ville,
Ou le Nouveau Jardinier Francois Accommodé au
Goust du Temps. (Paris) 日仏科学史資料センター管理書籍

100
Karsch (1855) Die Kartoffelkrankheit. Naturund Offen-
barung 1: 60-71. 日仏科学史資料センター管理書籍

206
Pizon, A. (1916) Anatomie et Physiologie Végétale.
(Paris) 日仏科学史資料センター管理書籍

82、91、99、104、128
Bocquillon, H. (1868) Biblioteque des Meveilles la Vie
des Plantes. (Paris) 日仏科学史資料センター管理書籍

106
Bateson, W. (1914) Mendels Vererbungstheorien
(Leipzig, Berlin) 日仏科学史資料センター管理書籍

123、132
Dickerman, C.W. (1876) How to make the Harmer
pay ; or Farmer's book of practical information on
agriculture , stock raising, fruitculture, special crops,
domestic economy and family medicine. (Philadelphia,
Chicago) 日仏科学史資料センター管理書籍

124、125
Darwin, C. (1890) Les mouvements et les habitudes
plantes grimpantes (The power of movement in plants
の仏語訳版) (. Paris) 日仏科学史資料センター管理書籍

129、131
Step, E. (1904) Wayside and Woodland Trees. (Lon-
don) 日仏科学史資料センター管理書籍

151
中部森林管理局

152
宮崎南部森林管理署

160
Flore Des Serres et Des Jardins de L' Europe. Vol. 23. P.
160 (1880)

161
Millican, A. (1891) Travels and Adventures of an Orchid
Hunter.

175、179
(1771) PHARMACOPEE DU COLLEGE ROYAL DES
MEDECINS DE LONDRES （仏語版）日仏科学史
資料センター管理書籍

181
正倉院正倉

192
Bocquillon, H. (1868) Biblioteque des Meveilles la Vie
des Plantes. (Paris) 日仏科学史資料センター管理書籍

194
Le Botaniste (1889: 創刊号 , 1945: 最終号) Paris.(Dan-
geard, P.-A. 編集) 日仏科学史資料センター管理書籍

196(a)
パリの出版社（Librairie J.-B. Bailliere et Fils）による書籍
「Atlas Manuel de Botanique」の広告（1887）日仏科学
史資料センター管理書籍

213
ライデン国立民俗学博物館

参考資料

R.M. ロバーツ（著）、安藤喬志（訳）（1993）『セレンディピティー 思いがけない発見・発明のドラマ』化学同人

Jossang, J. 他 4 名（2008）Quesnoin, a novel pentacyclic ent-diterpene from 55 million years old Oise amber. J. Organic Chem. 73（2）: 412-417.

Brasero, N.（2009）. Insects from the early Eocene amber of Oise (France) : diversity and palaeontological significance. Denisia. 26: 41-52.

Fuller, D.Q. 他 7 名（2014）Convergent evolution and parallelism in plant domestication revealed by an expanded archeological record. Proc. Natl. Acad. Sci. U.S.A. 111: 6147-6152.

Larson, G. 他（2014）Current perspectives and future of domestication studies. Proc. Natl. Acad. Sci. U.S.A. 111: 6139-6146.

Perez-Escobar, O.A. 他 28 名（2021）Molecular clock and archeogenomics of a late period Egyptian date palm leaf reveal introgression from wild relatives and add timestamps on the domestication. Mol. Biol. Evol. 38: 4445-4492.

中尾佐助（1966）『栽培植物と農耕の起源』岩波書店

Ellison, R.（1981）Diet in Mesopotamia: The evidence of the early ration texts (c. 3000-1400 B.C.). Iraq 43 (1): 35-45.

Ellison, R.（1978）A study of diet in Mesopotamia (c. 3000-600 B.C.) and associated agricultural techniques and methods of food preparation. Univ. London.

芝康次郎（2016）『古代における植物性食生活の考古学的研究』奈良文化財研究所紀要 2016, pp.40 − 41.

毛藤謹治、四手井綱英、村井貞允、指田豊、毛藤圀彦（1989）『ユリノキという木』アボック社出版局

佐賀市（2005）東名遺跡の調査概要－第 2 貝塚の調査について－

西田巌（2014）「縄文時代早期末の環境と文化」名古屋大学加速器質量分析計業務報告書 XXV:19-26.

Kawano, T. 他 3 名（2012）Grassland and fire history since the late-glacial in northern part of Aso Caldera, central Kyusyu, Japan, inferred from phytolith and charcoal records. Quaternary International 254: 18e27.

湯浅浩史（2013）『ヒョウタンと古代の海洋移住』Ocean Newsletter 第 306 号

Arranz-Otaegui 他 4 名（2018）Archeological evidence reveals the origins of bread 14,400 years ago in northearstern Jordan. Proc. Natl. Acad. Sci. U.S.A. 115: 7925-7930.

Ritcher, T. 他 14 名（2017）High resolution AMS dates from Shubayqa 1, northeast Jordan reveal complex origins of late epipalaeolitic Natufian in the Levant. Sci. Rep. 7 (1) :17025.

Mancuso, S.（2014）『植物を愛した男たち（原題: Uomini che amano le piante.）』

吉崎昌一（1997）「縄文時代におけるヒエ問題」文部科学省科学研究費重点領域研究 News Letter 2: 5-6.

Gao, L-Z.（2015）Microsasatellite variation within and among populations of Oryza offcinali (Poaceae) , an endangered wild rice from China. Molecular Ecology 14: 4287-4297.

Gao, L.-Z.（2004）Population structure and conservation genetics of wild rice Oryza rufipogon (Poaceae) : a region-wide perspective from microsatellite variation. Molecular Ecology 5: 1009-1024.

Vigueira, C.C.（2019）Call of the wild rice: Oryza rufipogon shapes weedy rice evolution in Southerneast Asia. Evolutionally Applications 12 (1) : 93-104.

伊澤毅（2017）「遺伝子の変化から見たイネの起源」日本醸造協会誌 112（1）：15-21.

Huang, X. 他 34 名（2012）A map of rice genome variation reveals the origin of cultivated rice. Nature 490: 497-501.

佐藤洋一郎（2002）『稲の日本史』角川選書

石川文康（1996）『そば打ちの哲学』ちくま新書

大西近江（2018）「栽培ソバの野生祖先種を求めて―栽培ソバは中国西南部三江地域で起源した―」ヒマラヤ学誌 19:106-114.

Nishiyama, M.Y. 他 5 名（2014）Full-Length enriched cDNA libraries and ORFeome analysis of sugarcane hybrid and ancestor genotypes. PLoS ONE 9（9）：e107351.

Munoz-Rodriguez, P. 他 13 名（2018）Reconciling conflicting phylogenies in the origin of sweet potato and dispersal to Polynesia. Curr. Biol. 28（8）：1246-1256.

O'brien, P.J.（1972）The sweet potato: Its origin and dispersal. Amer. Anthropologist 74: 342-365.

Roullier, C. 他 3 名（2013）History of sweet potato in Oceania. Proc. Natl. Acad. Sci. U.S.A. 110（6）：2205-2210.

Yen, E.（1963）The New Zealand Kumara or sweet potato. Economic Botany 17: 31-45.

Goodwin, S.B. 他 3 名（1994）Panglobal distribution of a single clonal lineage of Irish potato famine fungus. Proc. Natl. Acad. Sci. U.S.A. 91: 11591-11595

Karsch（1855）Die Kartoffelkrankheit. Natur und Offenbarung 1: 60-71.

Liger, L.（1715）Le ménage des champs et de la ville, ou le nouveau jardinier François accommodé au goust du temps. Chez Michel David, Paris.

Yoshioka, H. 他 2 名（2008）Discovery of oxidative burst in the field of plant immunity: Looking back at the early pioneering works and towards the future development. Plant Signaling and Behaviors 3（3）：153-155.

河村智謙（2013）「ショウペンハウエルの哲学から顕微鏡を駆使した細胞の構造解明までを論じた植物収集家 Anton Karsch（1822-1892）.」北九州市立大学国際論集 11:99-111.

稲垣栄洋（2018）「世界史を大きく動かした植物」PHP 出版

小泉武夫（2016）「醤油・味噌・酢はすごい―三大発酵調味料と日本人」中央公論新社

日本豆腐協会「豆腐の歴史」（WEB）

Isnaeni, H.F.（2012）Sejarah Tempe. HistoriA（URL: https://historia.id/kultur/articles/sejarah-tempe-vX7XD/page/1）

Gulliet, E.T.（2017）Tempe Bungkil Kacang Tanah Khas Malang Malang Peanut Presscake Tempe. Journal Pangan 26（3）：363

那須浩郎、他 5 名（2015）「炭化種実資料からみた長野県諏訪地域における縄文時代中期のマメの利用」資源環境と人類：明治大学黒耀石研究センター紀要 5:37-52.

Koenen, E.J.M. 他 9 名（2021）The origin of the legumes is a complex paleopolyploid phylogenomic tangle closely associated with the Cretaceous-Paleogene（K-Pg）mass Extinction event. Syst. Biol. 70（3）：508-526.

（P98, 100, 102, 170）篠遠喜人（1941）『十五人の生物学者』河出書房

Rogers, S.O. and Kaya, Z.（2006）DNA from ancient cedar wood from king Midas' tomb, Turkey, and Al-Aksa mosque, Israel. Silvae Genetic 55（6）：54-62.

Albright, W.F.（1920）Goddess of life and wisdom. Am. J. Semitic Languages Literatures 36（4）：258-294.

Kennedy, J.A. 他 2 名（2006）Grape and wine phenolics: History and perspective. Am. J. Enol. Vitic. 57（3）：239-248.

管淑江、田中由紀子（1993）「葡萄考（I）―葡萄のルーツ―」中国短期大学紀要 24: 29-49.

Sonneman, T.（2012）Lemon - A global history. Reaktion Books（London）.

Langgut D.（2017）The citrus route revealed: from Southeast Asia into the Mediterranean. HortScience 52: 814-822.

Deng, X., Yang, X., Yamamoto, M., Biswas, M.K.（2020）Domestication and history（Chapter 3）. In: The Genus Citrus.（Eds. Talan, M., Caruso, M. and Biswas, M.K.）, Elsevier, pp. 33-55.

Scott, A. 他 13 名（2021）Exotic foods reveal contact between South Asia and the near East during the second millennium BCE. Proc. Natl. Acad. Sci. U.S.A. 118（2）：e2014956117.

Kilic, A. 他 3 名（2004）Volatile constituents and key odorants in leaves, buds, flowers, and fruits of Laurus nobilis L. J. Agric. Food Chem. 52: 1601-1606.

Widrlechner, M.P.（1981）History and utilization of Rosa damascena. Econ. Botany 35（1）：42-58.

上田善弘（2010）「バラとその栽培の歴史 ― 人とバラのかかわりから―」におい・かおり環境学会誌 41（3）：157-163.

Evans, J. (Ed) (2009) Planted forests. Uses, impacts and sustainability. Food and Agriculture Organisation of the United Nations.

Riley, F.R. (2002) Olive oil production on bronze age Crete: nutritional properties, processing methods and storage life of Minoan olive oil. Oxford J. Archaeol. 21 (1): 63-75.

Dehkordi, S.A. 他 2 名 (2015) A study on the significance of cypress, plantain and vine in Persian culture, art and literature. Mediterranean J. Social Sci. 6 (6): 412-416.

Mao, K. 他 4 名 (2010) Diversification and biogeography of Juniperus (Cupressaceae): variable diversification rates and multiple intercontinental dispersals. New Phytologist 188 (1): 254-272.

Little, D.P. 2006. Evolution and circumscription of the true cypresses (Cupressaceae: Cupressus). Systematic Botany 31 (3): 461-480.

荒川理恵 (2003)「スサノヲとグリーンマン」学習院大学上代文学研究: 35-48.

田中敦夫 (2019)「森林ジャーナリストの『思いつき』ブログ」2019 年 10 月 28 日「世界最古の植林は、いつ、どこか。」(WEB)

Morgan, T.H. (1919) A critique of the theory of evolution. Princeton Univ. Press. (3rd. Rev. Print), pp. 150-151.

DeWoody, J.A. 他 3 名 (2009) "Pando" lives: molecular genetic evidence of a giant aspen clone in central Utah. Western North American Naturalist 68:493-497.

渡辺和子 (2016)「『ギルガメッシュ叙事詩』の新文書―フンババの森と人間―」死生年学報 2016 pp.167-180.

鹿島茂 (2009)『馬車が買いたい』白水社

Millican, A. (1891) Travels and Adventures of an Orchid Hunter. Cassell and Company, Ltd. (public domain)

大森正司 (2017)『お茶の科学「色・香り・味」を生み出す茶葉のひみつ』講談社

林望、他 9 名 (1992)『イギリスびいき』講談社

Kafi, M. 他 4 名 (2018) An Expensive spice saffron (Crocus sativus L).: A case study from Kashmir, Iran, and Turkey. In: M. Ozturk et al. (Eds), Global Perspectives on Underutilized Crops. Springer International Publ., pp. 109-149.

Moradi, K. and Akhondzadeh, S. (2021) Psychotropic effects of saffron: A brief evidence-based overview of the interaction between Persian herb and mental health. J. Iran. Medic. Counc. 4 (2): 57-59.

エディット・ユイグ (1998)『スパイスが変えた世界史―コショウ・アジア・海をめぐる物語』新評論

宇賀田為吉 (1973)『タバコの歴史』岩波書店

仁尾正義 (1941)『煙草の科学』河出書房

和田光弘 (2004)『タバコが語る世界史』山川出版社

Yukihiro, M. 他 2 名 (2011) Lethal impacts of cigarette smoke in cultured tobacco cells. Tobacco-Induced Disease 9:8

Asogwa, E.U. 他 2 名 (2006) Kola production and utilization for economic development. African Scientist 7 (4): 217-222.

Askitopoulou, H. 他 2 名 (2002) Archeological evidence on the use of opium in the Minon world. International congress Series 1242: 23-39.

Cohen, M.M. (2006) Jim Crow's drug war: Race, Cola Cola, and the Southern origins of drug prohibition. Southern Cultures 12 (3): 55-79.

中尾佐助 (1993)『農業起源を訪ねる旅』岩波書店

McPartland, J.M. 他 2 名 (2019) C annabis in Asia: its center of origin and early cultivation, based on a synthesis of subfossil pollen and archaeobotanical studies. Vegetation History and Archaeobotany 28: 691-702.

Biondichm, A.S. and Joslin, J.D. (2015) Coca: High altitude remedy of the ancient Incas Wilderness & Environmental Medicine 26 (4): 567-571.

Burton, G.F. (1924) The "New era" chocolate book. Homr made chocolates/Bon-bons/Deserts/fine art sugar work.

Pellutier, A. & Pertier, E. (1861) Le Thé et le Chocolat Dans L'alimentation publique. Paris.

Urdang, G. (1942) The mystery of the first English (London) pharmacopeia (1618). Bull. of History of Medicicine. 12 (2): 304-313.

井口麗和 (2013)「フランスの芸術家とアブサン」日仏科学史資料センター紀要 7 (1): 55-57.

渡邊武 (2001)『正倉院薬物がかたること』日本東洋医学雑誌 51 (4):591-608.

渡邊武 (1956)『正倉院薬物の研究』学位論文 (京都大学)

Gentilcore, D. (2009) Taste and the tomato in Italy: a transatlantic history. Food and History 7 (1): 125-139.

宇田川妙子 (2008)「イタリアの食をめぐるいくつかの考

察：イタリアの食の人類学序説として」国立民族学博物館研究報告、33（1）：1-38.

山本紀夫（2016）『トウガラシの世界史』中公新書

姜怡辰（2016）「トウガラシがたどった道：世界の食文化を変えたスパイス」決断科学 2: 61-65.

榎戸瞳（2010）「江戸時代の唐辛子 ― 日本の食文化における外来食材の受容」国際日本学論叢 7: 142-119.

青葉高（1989）『野菜の博物学―知って食べればもっとオイシイ!?』講談社

桑田訓也（2014）「木簡に見える香辛料」平成 25 年度 山崎香辛料財団研究助成 成果報告書、pp.31-35

皆川豊作（1940）『園芸利用工業』朝倉書店

河野智謙（2013）「園芸学研究の系譜（1）：近代園芸のルーツを 16 世紀イタリアの植物園に見る」日仏科学史資料センター紀要 7（1）：43-51.

Kawata, Y. (2011) Economic growth and trend changes in wildlife hunting. Acta Agriculturae Slovenica 97: 115-123.

春山行夫（2012）『花の文化史　花の歴史を作った人々』日本図書センター

ゲーテ（著）、木村直司（訳）（2009）「ゲーテ形態学論集・植物編」ちくま学芸文庫、pp.378―408.「著者は自己の植物研究の歴史を伝える」

Fortune, R. (1863) Yedo and Peking. A narrative of a journey to the captals of Japan and China. John Murray, London.

Tree and Shrubs online (WEB)

木下武司（2017）『和漢古典植物名精解』和泉書院

野村和子（2007）「バラの系譜」恵泉女学園大学園芸文化研究所報告：園芸文化 4: 26-39.

Nelson, E.C. (1999) So many really fine plants. An epitome of Japanese plants in western European gardens. Curtis＇s Botanical Magazine 16（2）: 52-68.

大澤啓志、新井恵璃子（2016）「我が国におけるアジサイの植栽に対する嗜好の時代変遷」日本緑化工学会誌 42（2）：337-343.

Johnson, D. (1982) Japanese prints in Europe before 1840. The Burlington Magazine 124（951）: 343-348.

ロス・キング（長井那智子訳）（2018）『クロード・モネ 狂気の眼と『睡蓮』の秘密』亜紀書房

フィリップ・ティエボー、フランソワ・ル・タコン、山根

郁信（2003）『エミール・ガレ――その陶芸とジャポニズム』平凡社

有岡利幸（2005）『資料　日本植物文化誌』八坂書房

野村圭佑（2016）『江戸の自然史「武江産物志」を読む』丸善

野間晴雄（1978）「野生ユリの馴化から球根商品化への過程」人文地理 30（3）：19-34.

旦部幸博（2017）『珈琲の世界史』講談社

Tsing, A.T. 他 2 名（2019）Patcy Anthropocene: Landscape structure, multispecies history, and the retooling of anthropology. Current Anthropology 60: S186-S197.

Perfecto, I. 他 2 名（2019）Coffee land scape shaping the Anthropocene. Forced simplification on a complex agroecological landscape. Current Anthropology 60: S236-S250.

Vera, J. and Depardon, M. (2013) Turkey: Tea farning to be privatized?
Beauverie, J. (1913) Les Textiles Vegetaux. Paris

越智三智（2020）「ラプソディーイングリーン（ヴィーガンになる前に読む本）」（WEB）

Strecker, J. 他 6 名（2019）RNA-guided DNA insertion with CRISPR-associated transposases. Science 365（6448）: 48-53.

Bomani, B. (2011) Plant fuels taht could power a jet. TEDxNASA@SiliconValley

Maeda, Y. 他 4 名（2018）Marine microalgae for production of biofuels and chemicals. Curr. Opin. Biotechnol. 50: 111-120.

Cassidy, E.S.　他 3 名（2013）Redefining agricultural yields: from tonnes to people nourished per hectare. Environ. Res. Lett. 8（3）: 034015

West, P.C. 他 10 名（2014）Leverage points for improving global food security and the environment. Science 345（6194）: 325-328.

French, J.C. (2016) Demography and the paleolitic archaeological record. J. Arcaeol. Method Theory 23: 150-199.

Kawano, T. (2019) Anthropocene is the epoch in which we handle our future. Bulletin du Centre Franco-Japonais d'Histoire des Sciences 13（1）: 1-18.

ステファノ・マンクーゾ（2018）『植物は〈未来〉を知っている―9 つの能力から芽生えるテクノロジー革命』NHK出版

未来，属于终身学习者

我们正在亲历前所未有的变革——互联网改变了信息传递的方式，指数级技术快速发展并颠覆商业世界，人工智能正在侵占越来越多的人类领地。

面对这些变化，我们需要问自己：未来需要什么样的人才？

答案是，成为终身学习者。终身学习意味着永不停歇地追求全面的知识结构、强大的逻辑思考能力和敏锐的感知力。这是一种能够在不断变化中随时重建、更新认知体系的能力。阅读，无疑是帮助我们提高这种能力的最佳途径。

在充满不确定性的时代，答案并不总是简单地出现在书本之中。"读万卷书"不仅要亲自阅读、广泛阅读，也需要我们深入探索好书的内部世界，让知识不再局限于书本之中。

湛庐阅读 App: 与最聪明的人共同进化

我们现在推出全新的湛庐阅读 App，它将成为您在书本之外，践行终身学习的场所。

- 不用考虑"读什么"。这里汇集了湛庐所有纸质书、电子书、有声书和各种阅读服务。
- 可以学习"怎么读"。我们提供包括课程、精读班和讲书在内的全方位阅读解决方案。
- 谁来领读？您能最先了解到作者、译者、专家等大咖的前沿洞见，他们是高质量思想的源泉。
- 与谁共读？您将加入优秀的读者和终身学习者的行列，他们对阅读和学习具有持久的热情和源源不断的动力。

在湛庐阅读 App 首页，编辑为您精选了经典书目和优质音视频内容，每天早、中、晚更新，满足您不间断的阅读需求。

【特别专题】【主题书单】【人物特写】等原创专栏，提供专业、深度的解读和选书参考，回应社会议题，是您了解湛庐近千位重要作者思想的独家渠道。

在每本图书的详情页，您将通过深度导读栏目【专家视点】【深度访谈】和【书评】读懂、读透一本好书。

通过这个不设限的学习平台，您在任何时间、任何地点都能获得有价值的思想，并通过阅读实现终身学习。我们邀您共建一个与最聪明的人共同进化的社区，使其成为先进思想交汇的聚集地，这正是我们的使命和价值所在。

CHEERS

湛庐阅读 App
使用指南

读什么
- 纸质书
- 电子书
- 有声书

怎么读
- 课程
- 精读班
- 讲书
- 测一测
- 参考文献
- 图片资料

与谁共读
- 主题书单
- 特别专题
- 人物特写
- 日更专栏
- 编辑推荐

谁来领读
- 专家视点
- 深度访谈
- 书评
- 精彩视频

HERE COMES EVERYBODY

下载湛庐阅读 App
一站获取阅读服务

北京市版权局著作合同登记号：图字 01-2024-4682

VISUAL DE MIRU REKISHI WO SUSUMETA SHOKUBUTSU NO SUGATA
Tomonori Kawano
© 2021 Tomonori Kawano
© 2021 Graphic-sha Publishing Co., Ltd.
This book was first designed and published in Japan in 2021 by Graphic-sha Publishing Co., Ltd.
This Simplified Chinese edition was published in 2024 by BEIJING CHEERS BOOKS LTD.
Simplified Chinese translation rights arranged with Graphic-sha Publishing Co., Ltd. through
BARDON CHINESE CREATIVE AGENCY LIMITED.
Original edition creative staff
Book design: TRANSMOGRAPH
Illustration：Natsuko Tatsumi
Editing: Makiko Shoji (Graphic-sha Publishing Co., Ltd.)

图书在版编目（CIP）数据

苔藓、郁金香与面包 /（日）河野智谦著；张颖奇
译. —— 北京：台海出版社，2024.9. —— ISBN 978-7
-5168-3996-6

I. Q94-49

中国国家版本馆CIP数据核字第2024VN5082号

苔藓、郁金香与面包

著　　者：[日]河野智谦		译　　者：张颖奇	

责任编辑：王　萍		封面设计：ablackcover.com

出版发行：台海出版社
地　　址：北京市东城区景山东街20号　　　　邮政编码：100009
电　　话：010-64041652（发行、邮购）
传　　真：010-84045799（总编室）
网　　址：www.taimeng.org.cn/thcbs/default.htm
E-mail：thcbs@126.com

经　　销：全国各地新华书店
印　　刷：唐山富达印务有限公司
本书如有破损、缺页、装订错误，请与本社联系调换

开　　本：710毫米×965毫米　　　　1/16
字　　数：328千字　　　　　　　　印　　张：14.75
版　　次：2024年9月第1版　　　　印　　次：2024年9月第1次印刷
书　　号：ISBN 978-7-5168-3996-6

定　　价：109.90 元